Michael J.H. Taylor
John W.R.Taylor

DIE HUBSCHRAUBER DER WELT

Motorbuch Verlag Stuttgart

Einband und Schutzumschlag: Siegfried Horn

Die englische Originalausgabe ist erschienen bei Ian Allan Ltd. unter dem Titel
Heliocopters of the World

Die Übertragung ins Deutsche besorgte
Dietrich Seidl

ISBN 3-87943-569-3

1. Auflage 1978

Satz und Druck: Verlagsdruckerei Carle, 7143 Vaihingen/Enz
Bindung: Großbuchbinderei E. Riethmüller, 7000 Stuttgart 1
Printed in Germany

Taylor/Taylor · Die Hubschrauber der Welt

Vorwort

Nach Ansicht vieler Flugzeugbau-Ingenieure ist der Hubschrauber ein »unnatürliches« Gerät, das allen Gesetzen der Aerodynamik und des Zellenbaues widerspricht. Solchen Gefühlen wurde mindestens seit siebzig Jahren Ausdruck verliehen; und sogar die Gebrüder Wright, die als erste ein Motorflugzeug flogen, empfanden für Flügel, die sich drehten, keine Zuneigung. In einem Brief an einen Freund schrieb Wilbur Wright im Januar 1906: »Wie alle Neulinge begannen wir in der Kindheit mit dem Hubschrauber, erkannten aber bald, daß er keine Zukunft habe, und hörten damit wieder auf. Der Hubschrauber tut mit viel Leistungsaufwand nur das, was der Ballon ohne Arbeit erreicht, und ist in weitaus geringerem Maß für den schnellen Horizontalflug gerüstet. Wenn sein Motor stoppt, muß er mit tödlicher Gewalt abstürzen, denn er kann weder wie ein Ballon schweben noch wie ein Aeroplan gleiten. Der Hubschrauber ist viel leichter zu konstruieren als der Aeroplan, aber er ist wertlos, wenn er fertiggestellt ist.«
Einer von Amerikas großen Erfindern aus dieser Epoche nahm eine diametral gegenseitige Haltung ein. Nach ein paar geringschätzigen Blicken auf den Wright-Doppeldecker und seine aus Holz und Draht zusammengebastelten Zeitgenossen, verkündete Thomas Alva Edison: »Das Flugzeug wird auf gar nichts hinauslaufen, bis sie nicht eine Maschine haben, die sich wie ein Kolibri benimmt –

die gerade nach oben, nach vorn, zurück und wieder gerade herunter kommen und sich hinsetzen kann wie ein Kolibri.«

Das Genie, das beide Männer ad absurdum führte, war Igor Sikorsky. Er half dabei, das kommerzielle Potential des Starrflügel-Flugzeugs unter Beweis zu stellen – durch den Entwurf und den Bau des ersten viermotorigen Flugzeugs im Jahre 1913, und dann mit der Fertigung jener Amphibienflugzeuge und Flugboote, mit denen die junge Pan American Airways in den zwanziger und dreißiger Jahren ihre Flügel über den Pazifischen und Atlantischen Ozean ausspannte. Daraufhin – durch die Vervollkommnung des dann schon zum konventionellen Erscheinungsbild der dreißiger und vierziger Jahre zählenden »Einzelrotor«-Hubschraubers – verlieh er dem Edison-Konzept einer Maschine, die senkrecht starten und landen sowie im Schwebeflug verharren konnte, neuen Inhalt.

Sikorsky glaubte daran, daß Hubschrauber zur Rettung und Bereicherung des Lebens verwendet werden würden. Nach dem Zweiten Weltkrieg begann die Industrie, die er ins Leben gerufen hatte, kleine Hubschrauber für Experimental-Passagier- und -Postdienste zu liefern, für Ambulanzeinsätze, für das Versprühen von Chemikalien über Anbaugebieten, um den Insektenbefall zu verhindern und Pflanzenkrankheiten unter Kontrolle zu halten. Der Preis, der dafür zu zahlen war, – gemessen am finanziellen Aufwand – hoch, aber oft hätten Menschenleben und Anpflanzungen auf keine andere Weise gerettet werden können. Dann kam ein anderer Krieg: Korea. Die Frontgebiete waren häufig völlig unzugänglich, nicht aber für den Hubschrauber. Durch das Evakuieren von verwundeten Soldaten reduzierten Hubschrauber die Zahl der Verletzten mit Todesfolge auf den niedrigsten Prozentsatz in der Militärgeschichte. Auf ihren Flügen in das Frontgebiet hinein führten sie Nachschub und Munition mit sich.

Der Koreakrieg begründete den Einsatz des Hubschraubers als militärisches Front-Baumuster. Sein Spitzname »Chopper« (Zerhakker) spiegelt das geräuschvolle Schlagen seines Rotors wider; nicht damit gemeint ist eine unheilvollere Funktion (das Zerschlagen von gegnerischen Einheiten). Der nächste amerikanische Krieg – Vietnam – änderte dies gründlich: Der Vietcong war so erfolgreich beim Abschuß von US-Truppentransport-Hubschraubern, daß die UH-1 Iroquois der US Army mit MGs und Raketen bestückt wurden, un den in der Landezone wartenden Vietcong dazu zu bringen, die »Köpfe unten zu halten«. Von hier war es nur noch

ein kleiner Schritt zum spezialisierten HueyCobra-Kampfhubschrauber. Und mittlerweile rückte der Hubschrauber rasch an die Stelle von Starrflügel-Flugzeugen als schiffstationiertes U-Boot-Jagd- und -bekämpfungs-Gerät.
Schon ein flüchtiger Blick durch dieses Buch wird zeigen, wie nahe der »Chopper« dem Traum Igor Sikorskys vom lebensrettenden und lebens-bereichernden Fluggerät bereits gekommen ist, ja, wie er ihn bereits übeholt hat. In die Auflistung von Kampfhubschraubern mischen sich Ambulanz-, landwirtschaftliche Sprüh- und Bestäubungs-Hubschrauber, Überwachungs-, Vermessungsgeräte, fliegende Kräne und eine Unmenge anderer Konstruktionen, die seine volle Zustimmung gefunden hätten. Wirtschaftliche Überlegungen schließen immer noch den Hubschrauber auf den meisten Einsatzgebieten aus, wo konventionelle Flugzeuge starten und landen können. Aber nur der Hubschrauber kann von kleinen Plattformen auf vor der Küste gelegenen Ölbohrinseln operieren oder von in der Stadtmitte gelegenen Gebäuden aus eingesetzt werden. Nur Hubschrauber können in Gefahr befindliche Menschen von den Dächern in Brand geratener Häuser oder von Felswänden und sinkenden Schiffen in Sicherheit hieven.
Keine andere Flugzeugkategorie weist einen größeren Formenreichtum und so unterschiedliche Größenordnungen auf. Befindet sich auf dem einen Extrem der gigantische, mit zwei Hauptrotoren ausgerüstete sowjetische Entwurf V-12, der in Rekordversuhen eine 40-Tonnen-Nutzlast gehoben hat, so unterscheidet sich davon der winzige Rotor Way Scorpion sehr deutlich, den jedermann zuhause bauen und fliegen kann. Und dann sollte man die modernen Tragschrauber-Konstruktionen nicht übersehen. Freilich verfügen sie nicht über die Fähigkeit des Hubschraubers, vertikal zu starten und zu landen sowie im Schwebeflug zu verbleiben,aber dafür haben sie die Kosten drastisch gesenkt. Aus diesem Grund wurden sie auch in dieses Buch aufgenommen, das alle bedeutenden Hubschrauber und Rotorgeräte beschreibt und im Bild zeigt, die weltweit in Entwicklung, Serienproduktion bzw. im Einsatz sind. Kein anderes Buch, wie teuer es immer sei, bietet eine solch komplette Übersicht.

MJHT

JWRT

ERSTER TEIL

Aérospatiale SA 316B Alouette III und SA 319B Alouette III Astazou

Frankreich

Hubschrauber für Mehrzweck-Aufgaben, bewaffnete Aufklärung, Panzerabwehr und U-Boot-Kampf. In Serienproduktion und Einsatz.

Daten: SA 319B Alouette III Astazou
Antrieb: eine Wellenturbine Turboméca Astazou XIV (gedrosselt auf 600 shp)
Rotordurchmesser: 11,02 m
Länge: 10,03 m
Leergewicht: 1108 kg
Abfluggewicht: 2250 kg
Höchstgeschwindigkeit: 220 km/h
Reichweite: 605 km mit sechs Passagieren
Platzangebot: ein Pilot und sechs Passagiere; zwei Tragbahren und zwei Mann Betreuungspersonal; Fracht oder Bewaffnung (wie unten beschrieben).

Foto oben: Alouette III der französischen Armee mit vier AS.11.Lenkwaffen

Foto rechts: SA 316B

Bewaffnung: Einbau von einer 7,62 mm-Maschinenkanone, einer 20 mm-Kanone, vier AS.11- oder zwei AS.12-Luft-Boden-Lenkwaffen möglich; ferner Raketenbehälter, zwei Zielsuchtorpedos Mk 44 oder Hot-Panzerabwehrraketen.

Der Alouette III wurde als größeres und leistungsstärkeres Partner-Muster zum früheren Alouette II entwickelt. Er kann für eine breite Palette ziviler und militärischer Aufgaben verwendet werden. Zu ersterem Einsatzbereich zählen der Passagiertransport, die Frachtbeförderung und Ambulanzflüge ebenso wie das Tragen von Innen- und Außenlasten (bis zu 750 kg am Außenhaken beim SA 316B). Die Militärversionen können für den Erdkampf, den Truppentransport, Aufklärung, U-Boot-Kampf, Panzerabwehr, Rettung u.a. zum Einsatz gelangen.
Der Prototyp, der die Bezeichnung SA 3160 führte, flog am 28. Februar 1959 erstmals, und diese Version blieb noch bis 1969 in der Serienfertigung. Ihr folgte 1970 der SA 316B nach, der mit der gleichen Turboméca Artouste IIIB-Wellenturbine (gedrosselt auf 570 shp) ausgerüstet war, aber über ein verstärktes Getriebe verfügte und schwerer war. Eine Variante davon ist der SA 319B (siehe technische Daten), der mit einem Astazou XIV-Triebwerk ausgerüstet ist, das ihm zu besseren Gesamtleistungen verhilft und den Treibstoff-Verbrauch um ca. 25 Prozent senkt. Die Serienfertigung des SA 316B und des SA 319B läuft in Frankreich weiter. Der Alouette III wird in Indien, Pakistan, Rumänien und in der Schweiz in Lizenz gebaut. Im Frühjahr 1976 waren insgesamt 1356 Maschinen zur Auslieferung gelangt, die in 69 Ländern Dienst tun. Dazu gehört auch die U-Boot-Kampf-Version Alouette III/ASM, die im Jahre 1974 von der französischen Marine beschafft wurde und bei der Flotille 34F im Einsatz steht. Diese Maschine ist dem Marinestützpunkt Lanvéoc-Poulmic zugeteilt und führt dort an Bord der Korvetten und Fregatten der französischen Marine U-Boot-Kampfaufgaben durch.

Aérospatiale SA 318C Alouette II Astazou und SA 315B Lama/Cheetah

Frankreich

Mehrzweck-Hubschrauber. Alouette II Astazou im Einsatz. Lama in Serienproduktion und Einsatz.

Daten: SA 318C Alouette II Astazou
Antrieb: eine Wellenturbine Turboméca Astazou IIA von 530 shp (gedrosselt auf 360 shp).
Rotordurchmesser: 10,20 m
Rumpflänge: 9,75 m mit drehendem Heckrotor
Leergewicht: 890 kg
Abfluggewicht: 1650 kg
Höchstgeschwindigkeit: 205 km/h
Reichweite: 720 km mit maximalem Treibstoffvorrat, in Meereshöhe
Platzangebot: ein Pilot und vier Passagiere oder zwei Tragbahren und ein Mann Betreuungspersonal. Alternativ Ausrüstung für Luftbildfotografie, Beobachtung, Landwirtschafts- und Rettungseinsätze. Auch als fliegender Kran verwendbar (600 kg Nutzlast).

Foto oben:
SA 318C Alouette II mit Schwimmern

Foto rechts:
SA 315B Lama

Der SA 318C Alouette II Astazou, der am 31. Januar 1961 Erstflug hatte, wurde aus dem früheren Muster SE 313B Alouette II weiterentwickelt. Die Serienfertigung wurde im Jahre 1975 abgeschlossen, nachdem mehr als 350 SA 318C an zivile Kunden in vielen Ländern und an die französische Armee zur Auslieferung gelangt waren. Der SA 318C kann mit den standardmäßig gelieferten Kufen, aber auch mit höheren Kufen oder mit Schwimmern verwendet werden.
Der Lama ist im Grund ein Alouette II, der mit einer Wellenturbine des Typs Turboméca Artouste IIIB (gedrosselt auf 570 shp) und dem Rotorsystem des SA 316B Alouette III ausgerüstet ist. Das normale maximale Abfluggewicht wurde auf 1950 kg angehoben. Der Lama kann all die vielfältigen Einsatzaufgaben des Alouette II ausführen, aber die Nutzlast, die er im Betrieb als »fliegender Kran« mitführen kann, ist weitaus größer – 1000 kg. Ursprünglich als Mehrzweckhubschrauber für die Streitkräfte Indiens entwickelt, machte der Lama am 17. März 1969 seinen Erstflug und erhielt ca. 1 ½ Jahre später die französische Musterzulassung. Am 21. Juni 1972 stellte ein Lama – mit einer Höhe von 12440 m – einen Hubschrauber-Höhenrekord auf. Anfang 1976 waren Aufträge auf 184 Lama aus 22 Ländern eingegangen, und die indische Firma Hindustan Aeronautics Ltd. baut ihn in ihrer Hubschrauber-Abteilung in Bangalore unter der Bezeichnung Cheetah in Lizenz. Anfangs wurden für die Fertigung in Indien noch aus Frankreich stammende Teile verwendet. Der erste Cheetah hatte am 6. Oktober 1972 Erstflug. Bis 1975 kamen ca. 20 Einheiten zur Auslieferung. Maschinen, die gänzlich aus indischen Bauteilen gefertigt sind, wurden Ende 1976 fertiggestellt.

Aérospatiale SA 321 Super Frelon Frankreich

Ziviler und militärischer Transporthubschrauber, schwerer Kampfzonen- und U-Boot-Kampfhubschrauber. In Serienproduktion und Einsatz.

Antrieb: drei Wellenturbinen Turboméca Turmo IIIC6 (in der Version SA 321H drei Turmo IIIE6).
Rotordurchmesser: 18,90 m
Rumpflänge: 19,40 m
Leergewicht: (SA 321J): 6868 kg
Abfluggewicht: 13000 kg
Marschgeschwindigkeit: 249 km/h
Reichweite: 820 km
Platzangebot: zwei Mann Besatzung und bis zu 37 Passagiere (SA 321F); oder 4000 kg Fracht (innen) bzw. 5000 kg Fracht am Lasthaken (SA 321Ja); oder 30 Soldaten bzw. 15 Tragbahren und zwei Mann Betreuungspersonal sowie die entsprechende Frachtmenge (SA 321H); oder U-Boot-Kampfausrüstung (SA 321G, siehe unten).
Bewaffnung (SA 321G): U-Boot-Kampfwaffen, darunter vier Zielsuchtorpedos in Paaren zu beiden Seiten der Kabine.

Foto oben:
SA 321K der South African Air Force

Foto rechte Seite:
SA 321G der Flotille 32F der Aéronavale

Der Super Frelon wird sowohl für zivile als auch für militärische Anwendungszwecke in Serie gebaut und ist der größte Hubschrauber, der bisher in Frankreich gefertigt wurde. Er stellt eine Weiterentwicklung aus dem kleineren Frelon dar, von dem zwei Prototypen gebaut wurden. Die amerikanische Firma Sikorsky war

an den Konstruktionsarbeiten im Rahmen eines technischen Kooperations-Vertrages beteiligt (dazu zählten auch die Konstruktion und die Erprobung der Rotorsysteme). Dies führte zu dem für amphibische Aufgaben geeigneten Bootskörper vom »Sikorsky-Typ« und zu den Stabilisierungs-Schwimmkörpern bei den für diesen Verwendungszweck ausgelegten Versionen. Der erste Prototyp war ein Truppentransport-Hubschrauber und führte am 7. Dezember 1962 seinen Erstflug durch. Den Antrieb lieferten drei Turmo IIIC2-Wellenturbinen von je 1320 shp Wellenleistung. Dieser Prototyp stellte in der Folge einen Hubschrauber-Geschwindigkeitsrekord von 350,47 km/h über einen 15 km/25 km-Kurs auf, der bis zum Jahre 1970 – vom Sikorsky Blackhawk – nicht überboten wurde. Der zweite Prototyp, der am 28. Mai 1963 zum Erstflug startete, war eine Marine-Version.
Anfang 1976 waren insgesamt 91 Einheiten fest verkauft – für den Einsatz im Mutterland Frankreich und in acht anderen Ländern, darunter die Volksrepublik China (SA 321J), Israel (SA 321K-Transporthubschrauber), Libyen (Transporthubschrauber) und Südafrika (SA 321L-Transporthubschrauber). Gegenwärtige Ausführungen sind der Zivilhubschrauber SA 321F, der 34 bis 37 Personen Platz bietet, der U-Boot-Kampfhubschrauber SA 321G, der das erste Produktionsmuster war und 1966 zum ersten Mal ausgeliefert wurde, um für Unterstützungs-Aufgaben für die französischen U-Boote der Redoutable-Klasse in der Heimatbasis Verwendung zu finden, der militärische Transporthubschrauber SA 321H (ohne Stabilisierungs-Schwimmkörper oder Außenverkleidungen im unteren Rumpfbereich) und der Mehrzweckhubschrauber SA 321Ja, dessen Prototyp am 6. Juli 1967 erstmals flog.
Bei ihren Missionen als U-Boot-Kampfhubschrauber für die französische Marine werden die Super Frelon normalerweise in taktischen Formationen von drei oder vier Einheiten eingesetzt.

Aérospatiale SA 360 Dauphin Frankreich

Mehrzweck-Hubschrauber. In Serienproduktion und Einsatz.

Antrieb: eine Wellenturbine Turboméca Astazou XVIIIA von 1050 shp Leistung.
Rotordurchmesser: 11,50 m
Rumpflänge: 11,07 m
Leergewicht: 1555 kg
Abfluggewicht: 2800 kg
Höchstgeschwindigkeit: 315 km/h
Reichweite: 650 km
Platzangebot: ein oder zwei Mann Besatzung und bis zu 11 Pasagiere; vier Tragbahren und ein Mann Betreuungspersonal; sechs Passagiere und Fracht, Innen- und Außenfracht (1150 kg intern, 1500 kg außen); vier bis fünf Passagiere in der Geschäftsreise-Ausführung oder anderweitiges Gerät einschließlich Bewaffnung.

Bewaffnung: In der Militärausführung sind ein Minitat-Turm unter dem Rumpf bzw. sechs oder acht Panzerbekämpfungs-Lenkwaffen des Luft-Boden-Typs Hot vorgesehen.

Der erste Prototyp des SA 360 Dauphin – dieses Hubschraubermuster sollte den Alouette III als Zivil- und Militärhubschrauber ablösen – führte am 2. Juni 1972 seinen Erstflug aus. Den Antrieb lieferte eine Turboméca Astazou XVI-Turbine von 980 shp Leistung. In dieser Auslegung wurden insgesamt 180 Flüge durchgeführt. Der zweite Prototyp flog am 29. Januar 1973 erstmals, und am 4. Mai des gleichen Jahres nahm der ursprüngliche Prototyp seine Flugerprobung in modifizierter Form wieder auf.
Die Astazou XVI-Turbine war durch eine Astazou XVIIIA ersetzt

worden. Zu den weiteren Änderungen zählten Gewichte an den Rotorblättern, um Vibrationen und Resonanzerscheinungen mit dem Boden zu verringern. In den folgenden drei Wochen stellte dieser Prototyp drei Geschwindigkeitsrekorde in der Klasse E1d auf: 299 km/h über einen geschlossenen 100 km-Kurs, 312 km/h über 3 km und 303 km/h über 15 km Strecke. Alle diese Rekorde wurden mit einer Zuladung erzielt, die acht Passagieren entsprach. Bis zum Jahre 1974 hatten die beiden Prototypen über 400 Erprobungsstunden erflogen. Der erste Serien-SA 360 hatte im April 1975 Erstflug. Mit der Auslieferung der Serienmaschinen wurde Anfang 1976 begonnen. Bis zu diesem Zeitpunkt waren Bestellungen auf 26 SA 360 eingegangen.

Aérospatiale SA 365 Dauphin — Frankreich

Mehrzweck-Hubschrauber. In Entwicklung.

Antrieb: zwei Freiwellenturbinen des Typs Turboméca Arriel von je 650 shp Leistung.
Rotordurchmesser: 11,50 m
Rumpflänge: 11,07 m
Abfluggewicht: 3200 kg
Höchstgeschwindigkeit: ca. 315 km/h
Reichweite: 575 km
Platzangebot: ein oder zwei Mann Besatzung und bis zu 11 Passagiere. Vier Tragbahren und ein Mann Betreuungspersonal. Sechs Passagiere und eine entsprechende Frachtmenge. Innen- und Außenfracht. Vier bis fünf Passagiere in der Geschäftsreise-Ausführung. Andere Ausrüstung, darunter auch Bewaffnung (siehe unten).
Bewaffnung: In der Militärausführung können im unteren Rumpfbereich ein Minitat-Turm und sechs bis acht Panzerbekämpfungs-Lenkwaffen des Luft-Boden-Typs Hot angebracht werden.

Der SA 365 Dauphin, der am 24. Januar 1975 erstmals flog, ist eine zweimotorige Version des Aérospatiale SA 360 Dauphin (siehe dort). Er unterscheidet sich jedoch von seinem Vorgängermuster noch in folgenden Details: Es gibt keine Kupplung im Rotorantrieb von beiden Triebwerken zum Hauptgetriebe, da es sich um Freiwellenturbinen handelt; die horizontale Heckflosse weist eine andere Profilkrümmung auf; im oberen Rumpfbereich befindet sich eine neue Verkleidung, die sich von den Triebwerken bis hin zum Heckträger erstreckt; die Seitenflosse wurde versetzt. Das Abflug-

gewicht des SA 365 liegt um etwa 400 kg über jenem des SA 360, obwohl die Höchstgeschwindigkeit ungefähr gleich geblieben ist. Die Serienfertigung des SA 365 ist 1976/77 angelaufen. Der erste Auftrag ging von der in Anchorage, Alaska, beheimateten Firma International Air Taxi ein. Im März 1976 betrug der Auftragsbestand 23 Maschinen.
Am 28. Januar 1975 hatte eine Variante dieses Hubschraubers Erstflug, der von zwei Avco Lycoming LTS 101-Wellenturbinen von je 590 shp Leistung angetrieben wurde. Dieses Hubschraubermuster führte die Bezeichnung SA 366, aber bisher wird nicht mit der Serienfertigung dieses Modells gerechnet.

Aérospatiale SE 313B Alouette II Frankreich

Mehrzweckhubschrauber für zivile und militärische Aufgaben. Im Einsatz.

Antrieb: eine Wellenturbine des Typs Turboméca Artouste IIC6 von 530 shp Leistung (gedrosselt auf 360 shp).
Rotordurchmesser: 10,20 m
Länge über alles bei gefalteten Rotorblättern: 9,66 m
Leergewicht: 895 kg
Abfluggewicht: 1600 kg
Höchstgeschwindigkeit: 185 km/h
Reichweite: 100 bis 300 km
Platzangebot: ein Pilot und vier Passagiere.
Zwei Tragbahren und ein Mann Betreuungspersonal.
Fracht.

Der SE 313B war die erste Serienversion der Alouette-Hubschrauberreihe, die von der früheren französischen Firma Sud-Est geschaffen wurde. Zwei Prototypen-Alouette II wurden gebaut – sie führten die Typenbezeichnung SE 3120 und hatten Salmson 9-Kolbenmotoren als Antrieb. Diese Maschinen wurden für landwirtschaftliche Sprühaufgaben entwickelt. Die Serienausführung, die ursprünglich SE 3130 hieß und dann in SE 313B umbenannt wurde, wurde erstmals im Jahre 1957 für militärische Aufgaben zur Auslieferung gebracht – ca. zwei Jahre nach dem Erstflug des Alouette II-Prototyps am 12. März 1955.
Vom SE 313B wurden insgesamt 923 Maschinen in Serie gebaut, die in 33 Ländern zum Einsatz gelangten. 22 dieser Länder betrie-

ben die Alouette II in ihren Streitkräften. Zu den militärischen Nutzern dieses Hubschraubers zählten die französische Armee, die Streitkräfte der Bundesrepublik Deutschland, die britische Armee und die Streitkräfte von Österreich, Belgien, Kambodscha, Kongo, der Dominikanischen Republik, Indonesiens, Israels, der Elfenbeinküste, Laos', des Libanon, Mexikos, Marokkos, der Niederlande, Perus, Portugals, Südafrikas, Schwedens, der Schweiz und Tunesiens. Der SE 313B kam in einer Vielfalt von Einsatzrollen zur Verwendung. Darunter befinden sich der Passagier- und Frachttransport, Verbindungsflüge, Erdkampf-Unterstützung, Beobachtungsflüge, Rettungsaufgaben, Verwundeten-Evakuierungsflüge, fotografische Einsätze und die Verwendung als »fliegender Kran« sowie Landwirtschaftseinsätze.

Aérospatiale/Westland SA 330 Puma Frankreich/ Großbritannien

Kampfzonen- und ziviler Transporthubschrauber. In Serienproduktion und Einsatz.

Daten: SA 330B und E
Antrieb: zwei Wellenturbinen Turboméca Turmo IIIC4 von je 1320 shp Leistung
Rotordurchmesser: 15,00 m
Rumpflänge: 14,06 m
Leergewicht: 3 358 kg
Abfluggewicht: 6400 kg
Höchstgeschwindigkeit: 281 km/h in Meereshöhe
Maximale Reichweite: 620 km mit Standard-Treibstoff
Platzangebot: zwei Mann Besatzung und 16 bis 20 Soldaten. Sechs Tragbahren und vier sitzende Patienten. Fracht.

Foto oben:
SA 330B der EH 1/68 »Pyrenées«

Foto rechte Seite:
Aérospatiale SA 330G

Der SA 330, der sowohl in Zivil- als auch in Militärausführungen erhältlich ist, wurde ursprünglich von Aérospatiale (der damaligen Firma Sud-Aviation) entwickelt, um eine Forderung der französischen Armee nach einem mittleren Hubschrauber zu erfüllen, der in der Lage sein würde, in der Einsatzrolle als taktischer Transporthubschrauber unter allen Wetter- und Klimabedingungen betrieben zu werden. Das erste Exemplar von zwei Prototypen und sechs Vorserienmaschinen hatte am 15. April 1965 Erstflug. Im September 1968 flog auch der erste Serienhubschrauber erstmals. Mittlerweile – im Jahre 1967 – hatte auch die Royal Air Force den SA 330

für ihr taktisches Transportprogramm ausgewählt und vierzig Einheiten geordert. Im darauf folgenden Jahr wurde der SA 330 Teil des anglo-französischen Hubschrauber-Produktionsprogramms, das insgesamt drei Projekte beinhaltete. Die Firma Westland Helicopters zeichnete für verschiedene Bauteile und für die Montage der 40 Royal Air Force-Hubschrauber verantwortlich. Das erste von Westland gefertigte Exemplar, das die Typenbezeichnung SA 330E Puma HC Mk 1 erhielt, hatte am 25. November 1970 Erstflug. Die erste RAF-Einheit, die aufgestellt wurde, war die No 33 Squadron (1971), ihr folgte die No 230 Squadron im Jahre 1972. Die erste Einheit der französischen Armee war bereits im Juni 1970 einsatzreif geworden, und zu diesem Zeitpunkt belief sich die Auftragslage von seiten dieser Teilstreitkraft auf 130 Maschinen. Ferner bestellten die französischen Luftstreitkräfte neun weitere Exemplare. Die militärischen Export-Versionen, die die Typenbezeichnungen SA 330C und SA 330H erhielten, werden zur Zeit in verschiedenen Ländern eingesetzt, darunter in Algerien, Chile, Portugal, Südafrika, Belgien, Abu Dabhi, Elfenbeinküste und Zaire. Sie haben zwei Wellenturbinen Turboméca Turmo IVB (je 1400 shp) bzw. zwei Turmo IVC (1575 shp) als Antrieb.
Das erste Baumuster der Zivilversionen SA 330F und SA 330G hatte am 26. September 1969 Erstflug. Die ersten Serienmaschinen dieser Typen wurden von zwei Turmo IVA-Wellenturbinen von je 1435 shp Leistung angetrieben, aber seit dem Jahre 1973 ist der SA 330G mit dem Turmo IVC-Triebwerk ausgerüstet. Im März 1976 standen insgesamt 453 SA 330 Puma im Auftragsbuch, und zur Zeit schreitet die Serienfertigung mit einer Rate von sechs bis zehn Maschinen pro Monat fort.

Aérospatiale/Westland SA 341 und SA 342 Gazelle

Frankreich/ Großbritannien

Militärische und zivile Mehrzweckhubschrauber. In Serienproduktion und Einsatz.

Daten: SA 341G
Antrieb: eine Wellenturbine Turboméca Astazou IIIA von 590 shp Leistung.
Rotordurchmesser: 10,50 m
Rumpflänge: 9,53 m
Leergewicht: 917 kg
Abfluggewicht: 1800 kg
Höchstgeschwindigkeit: 310 km/h
Reichweite: 670 km
Platzangebot: ein oder zwei Mann Besatzung und drei Passagiere. Zwei Tragbahren oder Fracht.
Bewaffnung: in den Militärausführungen kann eine Vielfalt von Waffen zum Einbau gelangen, darunter vier AS.11, vier Hot-, zwei AS.12- oder vier TOW-Lenkwaffen, zwei Behälter für 36 mm-Raketen, 7,62 mm-Maschinenkanonen, General Electric Minigun, Emerson Minitat oder ein Kinnturm.

Foto oben:
SA 342 mit ausgefahrenem mehrläufigem MG-Turm Minitat

Foto rechte Seite:
SA 341B Gazelle AH Mk 1

Der Gazelle ist einer von jenen drei Hubschraubermustern, die im Rahmen von Fertigungs-Vereinbarungen zwischen Aérospatiale und Westland, die im Jahre 1967 unterzeichnet wurden, entstanden. Der erste von zwei gebauten Prototypen des SA 340 Gazelle hatte am 7. April 1967 in Frankreich Erstflug. Nach den Prototypen wurden vier Vorserienmuster gebaut, von denen das dritte den

Forderungen der britischen Armee entsprach. Das erste Vorserienmuster stellte am 13. und 14. Mai 1971 drei Rekorde in der Klasse E1c auf, darunter einen Geschwindigkeitsrekord von 312 km/h über einen geraden 15 km/25 km-Kurs. Der zweite Vorserien-Gazelle wurde daraufhin mit einem Triebwerk des Typs Turboméca Arriel von 650 shp Leistung ausgerüstet und als Erprobungsmuster verwendet. Am 6. August 1971 startete das erste Serienmuster SA 341 Gazelle mit einem leistungsstärkeren Turboméca Astazou IIIA-Triebwerk, einer verlängerten Kabine und einer größeren Heckbaugruppe zum Jungfernflug. Die britischen Versionen des Gazelle, die bei Westland in Yeovil montiert werden, sind der SA 341B der britischen Armee (Typenbezeichnung Gazelle AH. Mk 1), der mit einem Astazou IIIN-Triebwerk von 600 shp Leistung ausgerüstet ist und von dem 138 Stück von Armee und Marine in Auftrag gegeben wurden, der SA 341C (Bezeichnung HT.Mk 2, 30 von der Royal Navy bestellt), und der SA 341D (Bezeichnung HT.Mk 3, 13 von der Royal Air Force bestellt). Andere Versionen sind der SA 341F mit Astazou IIIC-Triebwerk, von dem 166 Maschinen von der französischen Armee beschafft werden sollen, die Exportversion SA 341H, die ein Astazou IIIB-Triebwerk besitzt und in Jugoslawien in Lizenz gebaut wird, und die Ausführung SA 342 für Kuwait mit einer Astazou XIVH-Turbine von 870 shp Leistung. Die Zivilversion des Gazelle ist der SA 341G. Diese Variante war der erste Hubschraubertyp, der unter IFR Cat 1-Bedingungen für den Betrieb mit nur einem Piloten zugelassen wurde (bei einer Sicht nach vorn von 550 m und einer Gipfelhöhe von 60 m). Bis zum Frühjahr 1976 waren 718 Gazelle verkauft, die in 20 verschiedenen Ländern im Einsatz standen.

Agusta A 109 Italien

Mehrzweckhubschrauber. In Serienproduktion und Einsatz.

Antrieb: zwei Wellenturbinen Allison 250-C20B von je 420 shp Leistung.
Rotordurchmesser: 11,00 m
Rumpflänge: 10,99 m
Leergewicht: 1360 kg
Abfluggewicht: 2450 kg
Höchstgeschwindigkeit: 280 km/h
Reichweite: bis 705 km
Platzangebot: ein oder zwei Mann Besatzung und sechs Passagiere mit Gepäck. Oder: zwei Tragbahren und zwei Mann Betreuungspersonal (bei nur einem Piloten). Fracht. Kann auch für andere Einsatzrollen ausgerüstet werden, darunter Rettungs- und Kampfaufgaben.
Bewaffnung: Die Kampfversion kann mit einem 7,62 mm Minitat oder zwei MG-3-Maschinengewehren ausgerüstet werden. Auf Kundenwunsch Ausstattung mit Aufhängevorrichtungen für zwei Raketenbehälter, von denen jeder sieben bis 18 SNIA-Raketen aufnehmen kann. Ferner Mitführungsmöglichkeit von vier TOW- oder AS.11-Panzerbekämpfungs-Lenkwaffen.

Der Agusta A 109 weist den typischen »Bell Helicopters«-Look auf – das spiegelt vielleicht die Tatsache wieder, daß zwischen Agusta und Bell seit dem Jahre 1952 enge Verbindungen auf dem Hubschrauber-Produktionssektor bestanden haben. Der erste von drei gebauten Prototypen des A 109 startete am 4. August 1971 zum Erstflug. Der A 109 war als Mehrzweckhubschrauber hoher Geschwindigkeit ausgelegt worden, und die Serienfertigung begann

mit einem Fertigungslos von 10 Maschinen, von dem die erste Ende 1975 zur Auslieferung gelangte. Im Jahre 1976 liefen die ersten Bewertungs-Untersuchungen bei der italienischen Armee an – sie wurden mit fünf, mit TOW-Panzerabwehr-Lenkwaffen bestückten A 109 durchgeführt. Inzwischen hat man den Entwurf bereits weiterentwickelt – in Gesalt einer Attrappe eines bewaffneten Hubschraubers mit der Typenbezeichnung A 129.
Der Rumpf des A 109 ist in vier Sektionen aufgebaut – der Bugsektion, dem Cockpit, der Hauptkabine und dem Heckrotorträger. Die beiden Triebwerke sind oberhalb des hinteren Kabinenbereichs nebeneinander angeordnet und treiben den Vierblatt-Hauptrotor an. Die Inneneinrichtung der Kabine ist sehr flexibel ausgelegt, so daß der Hubschrauber seine vielen Einsatzaufgaben problemlos ausführen kann. So ist zum Beispiel die vordere Kabinenwand ausbaubar, um zwei Tragbahren und zwei Mann Betreuungspersonal Platz zu bieten, die bei Ambulanz-Einsätzen mitgeführt werden. Auf ähnliche Weise können für die Frachtbeförderung die vorderen drei Sitze in der Passagierkabine entfernt werden. Durch Einbau von zusätzlichen Treibstofftanks kann der A 109 auch Such- und Rettungsflüge großer Flugdauer ausführen.

Agusta-Bell 204 (Bell 204 und Fuji 204B/204B-2)

Italien (und USA, Japan)

Ziviler und militärischer Mehrzweckhubschrauber, U-Boot-Kampfhubschrauber. In Serienproduktion und Einsatz.

Daten: Agusta-Bell 204
Antrieb: eine Wellenturbine Rolls-Royce Gnome H.1200 oder Lycoming T53 oder General Electric T58.
Rotordurchmesser: 14,63 m oder 13,41 m
Rumpflänge: 12,67 m
Leergewicht (militärische Mehrzweckversion): 2940 kg
Abfluggewicht:i 4310 kg
Marschgeschwindigkeit (U-Boot-Kampfversion): 167 km/h
Platzangebot: ein Pilot und neun Passagiere oder entsprechend Fracht. Kann auch für andere Einsatzaufgaben verwendet werden – darunter Ambulanz- und Rettungsflüge – und kann auch Bewaffnung mitführen.
Bewaffnung: beinhaltet zwei Mk 44-Torpedos, AS.12- oder ähnliche Lenkwaffen in der Mehrzweck-Ausführung.

Foto oben: Augusta-Bell AB-204AS der italienischen Marine

Foto rechte Seite: Fuji-Bell 204B der Tokyo Metropolitan Police

Die US-Firma Bell hat den Model 204 sowohl in Militär- als auch in Zivilausführungen produziert; die Militärversionen für die US Army sind in diesem Buch unter »Bell UH-1 Iroquois« aufgeführt. Die von Bell gefertigte Zivilvariante war der Model 204B, der dem UH-1B entspricht. Dieses Muster hatte eine Wellenturbine Lycoming T53-11A von 1100 shp Leistung als Antrieb. Der Model 204B wurde

– vom Jahre 1961 ab – ebenfalls von Agusta gebaut und wurde in einer Stückzahl von 250 Maschinen ausgeliefert (die Serienfertigung war 1974 abgeschlossen). Dieses Baumuster wurde nach Italien (für die Streitkräfte und für den zivilen Einsatz), nach Österreich (Militär-Version), nach Äthiopien (Militär-Version), nach Kuwait (militärisch), den Niederlanden (militärisch), Libanon (zivil), Saudi-Arabien (militärisch), Norwegen (zivil), Spanien (militärisch), Schweden (militärisch und zivil), der Schweiz (zivil) und nach der Türkei (militärisch) geliefert. Bei Agusta entstand auch eine U-Boot-Kampfversion, die unter der Typenbezeichnung Agusta-Bell 294AS in Serie ging und von einem General Electric T58-GE-3-Triebwerk von 1290 shp Leistung angetrieben wurde. Der 204AS, der an die Marinestreitkräfte Italiens und Spaniens zur Auslieferung gelangte, ist ein Allwetter-Hubschrauber, der mit einem Sonargerät ausgerüstet ist, das mit dem automatischen Stabilisierungs- und Annäherungssystem an den Schwebeflug gekoppelt ist. Ferner verfügt dieser Hubschrauber über ein Suchradar des Typs AN/APN 195 und über Torpedo-Bewaffnung. Eine weitere Ausführung des 204AS, der ein Suchradar der Firma Bendix und Luft-Boden-Lenkwaffen aufweist, kann auch gegen Überwasser-Schiffe zum Einsatz gelangen. Die japanische Firma Fuji hat den Model 204 in drei Hauptausführungen gefertigt: Dabei handelt es sich um die Zivilhubschrauber 204B und 204B-2 und um die Militärversion UH-1B für die japanische Armee. Bis zum Jahre 1973 hatte Fuji 90 UH-13 an die Armee ausgeliefert; im darauffolgenden Jahr wurden sechs Exemplare in Kampfhubschrauber-Auslegung und mit zwei 70 mm-Raketenbehältern ausgerüstet, evaluiert.
23 Zivilhubschrauber 204B waren bis Anfang 1975 von Fuji an acht Kunden ausgeliefert worden, davon sieben Maschinen für den Polizei-Einsatz. Das erste Exemplar des 204B-2 wurde vom Unternehmen Asahi Helicopter Co. im Jahre 1974 beschafft. Dieses Baumuster, von einer Lycoming T53-K-13B-Turbine angetrieben, hat einen zugpropellerartigen Heckrotor.

Agusta-Bell 206 JetRanger Italien

Militärischer Hubschrauber für U-Boot-Kampf, Erdkampf-Unterstützung und Mehrzweck-Aufgaben. Ziviler Mehrzweckhubschrauber. In Serienproduktion und Einsatz.

Daten: AB 206B-1
Antrieb: eine Wellenturbine Allison 250C20 von 400 shp (gedrosselt auf 317 shp).
Rotordurchmesser: 10,77 m
Rumpflänge: 9,85 m
Leergewicht: 698 kg
Max.Abfluggewicht: 1519 kg
Höchstgeschwindigkeit: 222 km/h
Flugdauer: 3½ Stunden
Platzangebot: ein Pilot und vier Passagiere oder entsprechende interne oder außen mitgeführte Fracht.
Bewaffnung: Einbaumöglichkeit vorgesehen.

Die Firma Agusta begann mit der Lizenzproduktion des Bell Model 206 im Jahre 1967 und hat seit diesem Zeitpunkt mehr als 500 Maschinen für zivile und militärische Aufgaben fertiggestellt. Die Produktion startete mit dem Model 206A, das von einer Wellenturbine des Typs Allison 250-C18 angetrieben wird und eine Höchstgeschwindigkeit von 241 km/h erreicht. Nach einigen Jahren wurde die Produktion auf den 206B JetRanger II umgestellt, dessen Auslieferung im Jahre 1972 anlief. Zu den Kunden der militärischen Versionen des Model 206A und des Model 206B, die von Agusta gebaut wurden, zählen Österreich, der Iran, Oman, Saudi-Arabien, Spanien, Schweden, die Türkei und Italien. Allerdings wurden nur die 206A der schwedischen Marine, die die Bezeichnung HPK-6 führen, für spezifische Kampfaufgaben beschafft: für den U-Boot-Kampf, für bewaffnete Patrouilleflüge und Angriffszwecke. Für diese Einsätze wird der AB 206 mit Waffenträgern ausgerüstet, die Torpedos, Wasserbomben, Minen etc. aufnehmen können und unter dem Rumpf montiert sind. Dies wird durch die Verwendung eines Kufen-Landegestells großer Bodenfreiheit möglich, das mit aufblasbaren Schwimmern für Notwasserungen ausgestattet ist. Die Zivilausführungen des AB 206 können für den Passagier-, Fracht- und Ambulanzeinsatz verwendet werden (sämtliche Details des Model 206B JetRanger II finden sich unter dem Eintrag Bell). Ähnlich, wie das Bell mit dem Kiowa tat, hat auch Agusta militärische Mehrzweck-Versionen des JetRanger gefertigt, die die Typenbezeichnung AB 206A-1 und AB 206B-1 führen. Dies sind Ableitungen des AB 206A und des AB 206B und unterscheiden sich von diesen hauptsächlich durch einen Hauptrotor größeren Durchmessers, eine verstärkte Zelle, zusätzliche Türen und durch die Möglichkeit, Waffen mitzuführen. Beide Ausführungen können für bewaffnete Einsätze, Beobachtungs- und allgemeine Transportflüge verwendet werden.

Agusta-Bell 212 und 212ASW Italien

Mehrzweck-, U-Boot-Kampf- (in der Version 212ASW) und Kampfhubschrauber (in der Version 212ASW). In Serienproduktion und Einsatz.

Daten: 212ASW
Antrieb: eine gekoppelte Wellenturbinen-Einheit Pratt & Whitney PT6T-6 Turbo Twin Pac (gedrosselt auf 1290 shp).
Rotordurchmesser: 14,63 m
Rumpflänge: 14,02 m
Leergewicht: 3395 kg
Abfluggewicht mit Torpedos: 5079 kg
Höchstgeschwindigkeit: 196 km/h
Max.Reichweite: 667 km
Platzangebot: drei oder vier Mann Besatzung.
Bewaffnung: zwei Zielsuchtorpedos Mk 44 oder Mk 46, Wasserbomben oder zwei Luft-Boden-Lenkwaffen zur Bekämpfung von Schiffzielen.

Foto: Agusta-Bell AB 212ASW mit Zielsuchtorpedo

Der Agusta-Bell 212, eine zweimotorige Ableitung aus dem Model 205, ist ein Mehrzweckhubschrauber und kann einen Piloten und bis zu 14 Passagiere, Tragbahren, Innen- und Außenlasten, Rettungs- und anderes Gerät befördern. Die Firma Agusta begann die Auslieferung dieses Hubschraubers im Jahre 1971, und bis 1975 waren über 40 Maschinen fertiggestellt. Sie stehen heute in Italien und im Ausland im zivilen und militärischen Einsatz. Die Serienfertigung wird fortgeführt.

Als Nachfolgemuster für den Agusta-Bell 204AS hat Agusta eine Marineausführung des 212 für Angriffsaufgaben, Rettungs- und Mehrzweckflüge entwickelt. Diese Version führt die Typenbezeichnung 212ASW und ähnelt dem Bell UH-1N (siehe dort). Sie wurde allerdings strukturell verstärkt und mit Zurrvorrichtungen an Deck ausgerüstet. An Bord des 212ASW können verschiedene Waffen und Geräte – je nach Einsatzmission – mitgeführt werden. Entwurfsziel war das Aufsuchen und der Angriff sowohl von U-Booten als auch von Überwasserschiffen. In einer U-Boot-Kampfmission verfügt der Hubschrauber über ein Sonar für verschiedene Tiefen und anderes technisch hochentwickeltes Gerät. Das automatische Flugführungssystem gestattet es dem Piloten, ohne mit den Händen den Steuerknüppel zu berühren, von der Marschflugphase in den Schwebeflug zum Absenken des Sonars überzugehen – bei allen Wetterbedingungen. Sollen Überwasserschiffe angegriffen werden, so findet ein Suchradar großer Reichweite Verwendung, und ferner können auch ECM-Systeme (ECM = Electronic Countermeasures = elektronische Gegenmaßnahmen) mitgeführt werden. Der Agusta-Bell 212ASW wird für die Marinestreitkräfte Italiens und Spaniens und für andere Länder, darunter Iran und die Türkei, in Serie gebaut.

Agusta-Bell Model 47 Italien

Leichter Mehrzweckhubschrauber. In Serienpoduktion und Einsatz.

Daten:
nur gegenwärtige Versionen; zumeist 47J-3B-1, falls nicht anders angegeben.
Antrieb: ein Kolbentriebwerk Lycoming TVO-435-B1A von 270 shp Leistung.
Rotordurchmesser: 11,32 m
Rumpflänge: 9,63 m
Leergewicht: 845 kg
Abfluggewicht: 1340 kg
Höchstgeschwindigkeit: 169 km/h
Reichweite: 338 km
Platzangebot: bis vier Personen. Ca. 454 kg Außenlast oder Tragbahren und anderes Gerät.
Bewaffnung: ein Mk 44-Torpedo bei der Version 47J-3

Foto: Agusta-Bell 47G-4A

Im Jahre 1952 erhielt die Firma Agusta eine Fertigungslizenz zum Bau des Hubschraubers Model 47 in Italien. Die erste Maschine, ein Model 47G, hatte am 22. Mai 1954 Erstflug, und seit diesem Zeitpunkt wurde die Produktion nicht mehr unterbrochen. Obwohl zur Zeit die Fertigung nur in kleinem Rahmen voranschreitet, wurden gut über 1000 Agusta-Bell 47 gebaut. Zu den gegenwärtigen Ausführungen, die in Italien in Serienfertigung stehen, zählen die Modelle 47G-3B-1, 47G-3B-2, 47G-4A mit einem Lycoming VO-540-Triebwerk von 280 shp und ferner die Baumuster 47G-5, 47J-2A, 47J-3 und 47J-3B-1. Die beiden letzten Modelle unterscheiden sich von den Standardmustern, denn sie wurden von Agusta auf spezifische italienische Forderungen ausgelegt. Der 47J-3 ist im Grund ein Standard-47J-2A mit einem modifizierten Haupt-Übertragungssystem, um ein Triebwerk einer Dauerleistung von 260 shp verwenden zu können. Weitere Änderungen wurden in einer Version des 47J-3 vorgenommen, die als U-Boot-Kampfhubschrauber für die italienische Marine entwickelt wurde: Spezialinstrumentierung für den Betrieb über See bei schlechten Sichtverhältnissen; eine hochwirksame Rotorbremse; eine Vorrichtung zum Mitführen eines Torpedos. Der 47J-3B-1 (siehe Beschreibung oben) unterscheidet sich von den anderen Ausführungen darin, daß er für große Flughöhen entwickelt wurde – er verfügt über einen abgasbetriebenen Lader und über einen Rotor hoher Massenträgheit, und ferner sind die zyklische und die kollektive Pitch-Kontrollsysteme servobetätigt.

Bell AH-1 HueyCobra/Sea Cobra — USA

Kampfhubschrauber. In Serienbau und Einsatz.

Daten: AH-1J
Antrieb: eine gekoppelte Wellenturbine Pratt & Whitney (Canada) T400-CP-400 von 1800 shp (gedrosselt auf 1250 shp).
Rotordurchmesser: 13,41 m
Rumpflänge: 13,59 m
Abfluggewicht: 3535 kg
Höchstgeschwindigkeit: 333 km/h
Max. Reichweite: 577 km

Bewaffnung: eine dreiläufige 20 mm-Kanone XM-197 im Kinnturm (750 Schuß). Vier Aufhängevorrichtungen unter den Stummelflügeln für XM-18E1-Minigun-Behälter und Raketenbehältern mit sieben (XM-157) oder 19 Rohren (XM-159).

Foto oben: AH-1Q TOW/Cobra

Unter Verwendung des gleichen Kraftübertragungs-, Rotor- und Triebwerksystems wie beim UH-1 Iroquois entwickelte die Firma Bell in ca. sechs Monaten auf eigene Kosten einen Kampfhubschrauber für die US Army. Der Prototyp startete am 7. September 1965 zum Erstflug, und die Serienmaschinen wurden vom Juni 1967 an ausgeliefert und noch im gleichen Jahr in Vietnam zum Einsatz gebracht. Die erste Ausführung hatte die Typenbezeichnung AH-1G und war mit einer Wellenturbine Lycoming T53-L-13B (von 1400 shp Leistung auf 1100 shp gedrosselt) ausgerüstet. Der nur 0,97 m breite Rumpf machte den AH-1G zu einem schwer zu treffenden Ziel für den Beschuß vom Boden aus. Ursprünglich

Foto oben: AH-1J der Iranischen Armee
Foto unten: AH-1G Huey Cobra

wurde die Bewaffnung von einem Kinnturm Emerson Electric TAT-102A, der eine sechsläufige 7,62 mm-Minigun aufnahm, und von Waffen unter den Flügelstummeln gebildet. Spätere Ausführungen erhielten statt des TAT-102-Turms den XM-28 mit zwei Miniguns oder zwei 40 mm-Granatwerfer des Typs XM-129 (oder eines von beiden). Anfang 1973 wurde das erste von insgesamt acht gefertigten Vorserienmustern AH-1Q HueyCobra für die Panzerbekämpfung getestet. Diese Modelle konnten acht TOW-Lenkwaffen mitführen (TOW = Tube-launched, Optically tracked, Wire-guided = im Startrohr abgeschossen, optisch geführt, drahtgelenkt) und waren mit Helmvisier-Systemen ausgerüstet. Die nach Vietnam entsandten AH-1Q erzielten eindrucksvolle Ergebnisse, obwohl die »hot and high«-Bedingungen, unter denen sie operieren mußten, die Zahl an TOW-Lenkwaffen, die befördert werden konnten, beträchtlich herabsetzten. Daraufhin wurden Verträge erteilt, die die Umwandlung von 290 AH-1G zum AH-1Q-Standard beinhalteten. Die Auslieferung dieser Maschinen begann Mitte 1975. Weitere Entwurfsverbesserungen führten zu den Versionen AH-1R und AH-1S. Erstere hat eine Lycoming-Turbine T53-L-703, kann aber keine TOW-Lenkwaffen transportieren. Auch der AH-1S besitzt das T53-L-703-Triebwerk, dessen größere Leistung es ihm ermöglicht, einen vollen Satz von acht TOW unter allen Einsatzbedingungen zu befördern. Die US Army hoffte, die Hälfte aller bereits vorher in AH-1Q umgerüsteten HueyCobra und alle noch verbleibenden AH-1G auf diesen Standard zu bringen. Der erste Kontrakt, der diesbezüglich Ende 1975 vergeben wurde, regelt die Auslieferung von 44 AH-1S im Jahre 1977; eine zusätzliche Option betrifft 22 mehr Maschinen.
20 AH-1G wurden für die Bekämpfung von Schiffszielen an die spanische Marine geliefert. Das US Marine Corps beschaffte 38 Maschinen im Jahre 1968 und nahm in den Jahren 1970 und 1971 69 Exemplare des Typs AH-1J SeaCobra in Empfang. Diese Maschinen sind mit zwei Triebwerken ausgerüstet (wie anfangs in der Datensammlung beschrieben). Ihnen folgen zehn verbesserte Ausführungen mit der Typenbezeichnung AH-1T mit überarbeiteten Komponenten, erhöhter Zuladung und besserer Leistung. Die Auslieferung von 202 AH-1J an den Iran begann im Jahre 1974.

Bell Model 47 USA

Mehrzweckhubschrauber. Im Einsatz.

Daten: Model 47G-3B-2A
Antrieb: ein Kolbenmotor Lycoming TVO-435-F1A von 280 shp Leistung.
Rotordurchmesser: 11,32 m
Rumpflänge: 9,63 m
Leergewicht: 858 kg
Abfluggewicht: 1338 kg
Marschgeschwindigkeit: 135 km/h in 1525 m Höhe
Reichweite: 397 km in 1830 m Höhe
Platzangebot: ein Pilot und zwei Passagiere. 454 kg Außenfracht. Tragbahren.

Foto: Bell Model 47 Ag-5 (landwirtschaftliche Sprühversion)

Obwohl der Bell 47 in Italien (siehe Agusta) immer noch in Serienproduktion steht und in weiterentwickelter Form in Japan von Kawasaki als KH-4 (siehe dort) gebaut wird, wurde er von Bell bereits im Jahre 1974 aus der Produktion genommen. Damit gingen 28 Jahre ununterbrochener Serienproduktion bei der Muttergesellschaft Bell zu Ende. Die letzten Ausführungen waren die Modelle 47G-3B-2A und 47G-5A - letzteres hatte einen Motor Lycoming VO-435-B1A von 265 shp zum Antrieb. Viele hundert Bell 47 stehen heute in aller Welt noch im Einsatz.
Der Entwurf geht auf das Jahr 1943 zurück, als die Bell Aircraft Corporation einen Experimentalhubschrauber, der die Bezeichnung Model 30 führte, zum Erstflug brachte. Dieses Baumuster wurde

unter der Typenbezeichnung XR-12 von der US Army nachgeflogen. Zwei Jahre später - am 8. Dezember 1945 – erfolgte der Erstflug des Prototyps des Bell Model 47, der nun an die Stelle des früheren Typs getreten war. Die erste Typenzulassung für einen Zivilhubschrauber und die erste zivile Zulassung wurden dem Model 47 am 8. März 1946 von der US-Zivilluftfahrtbehörde erteilt. Zu den Erstaufträgen auf das Serienmuster gehörten auch 18 Maschinen für die US Army und 10 für die US Navy. Seit diesem Zeitpunkt wurde der Bell Model 47 in großen Zahlen für militärische Verwendungszwecke produziert. Die Fertigung von Zivilvarianten startete im wesentlichen mit dem Model 47B, das auf das mit 178 shp-Franklin-Motor und zwei Autositz-artigen Plätzen ausgerüstete Vorserienmodell folgte. Der 47B ähnelte diesem Vorserienmuster, war allerdings auch - als Model 47B-3 – mit einem offenen Cockpit erhältlich. Die nächste Ausführung, bei der die charakteristische »Goldfischglas«-Kabine zur Einführung gelangte, war der Model 47D. Das dreisitzige Muster 47D-1 hatte erstmals einen nicht verkleideten Heckrotor-Träger und eine kleine Heckflosse unten am Rumpf. Model 47E hatte einen 200 hp-Franklin 6V4-200-C32-Motor als Antrieb; darauf folgte schließlich die Hauptversion – der Bell 47G. Erste Exemplare dieser Version waren mit einem ähnlichen Triebwerk wie der 74E ausgerüstet. Die späteren Modelle 47G-2 bis 47G-5 dagegen hatten Lycoming-Motoren bis zu 280 hp Leistung. Der Model 47H entsprach im wesentlichen seiner Vorgängerversion, besaß aber einen 200 hp-Franklin-Motor, eine autoähnliche Kabine und einen verkleideten Heckträger. Der viersitzige Model 47J Ranger wurde in zwei Hauptversionen gebaut, von denen die zweite (Model 47J-2) Metall-Rotorblätter und kraftverstärkte Steuerungen als Standardausrüstung hatte. Obwohl im Grund der 47H-Variante ähnlich, wurden der 47J und der 47J-2 von Triebwerken der Typen Lycoming VO-435 von 220 hp bzw. Lycoming VO-540 von 260 hp angetrieben.

Bell Model 205A-1 USA

Ziviler Mehrzweckhubschrauber. In Serienproduktion und Einsatz.

Antrieb: eine Wellenturbine Lycoming T5313A von 1400 shp (auf 1250 shp gedrosselt).
Rotordurchmesser: 14,63 m
Rumpflänge: 12,65 m
Leergewicht: 2357 kg
Max.Abfluggewicht: 4763 kg mit Außenlast
Höchstgeschwindigkeit: 204 km/h
Reichweite: 553 km in 2440 m Höhe
Platzangebot: ein Pilot und 14 Passagiere (in der Geschäftsreise-Ausführung entsprechend weniger) bzw. Fracht. Alternative Kabinen-Auslegungen gestatten die Abdeckung vieler Einsatzrollen.

Diese zivile Weiterentwicklung aus dem UH-1H Iroquois wurde gefertigt, um eine Anzahl verschiedener Einsatzrollen abdecken zu können, darunter Ambulanzflüge (mit Unterbringungsmöglichkeit von sechs Tragbahren und einem oder zwei Mann Betreuungspersonal), Transport von Innen- oder Außenfracht sowie Rettungseinsätze. In der Kabine beförderte Fracht wird durch seitliche Türen einer Öffnung von 2,34 x 1,24 m geladen. Ferner kann eine Last von maximal 2268 kg außerhalb der Kabine mitgeführt werden.
Das Muster Model 205-1, das den zehnsitzigen Model 204B ersetzte, wurde auch vom italienischen Hubschrauberhersteller Agusta seit 1969 gebaut und ist auch in Japan – Hersteller ist Fuji – erhältlich.

Bell Model 206 JetRanger, OH-58 Kiowa und TH-57 SeaRanger — USA

Militärischer und ziviler Mehrzweckhubschrauber. Leichter Beobachtungshubschrauber (Kiowa). Militärischer Schulhubschrauber (SeaRanger). In Serienproduktion und Einsatz.

Daten: Model 206B JetRanger II
Antrieb: eine Wellenturbine Allison 250-C20 von 400 shp Leistung
Rotordurchmesser: 10,16 m
Rumpflänge: 9,50 m
Leergewicht: 660 kg
Abfluggewicht: 1451 kg
Höchstgeschwindigkeit: 225 km/h
Reichweite: 624 km in 1525 m Höhe
Platzangebot: ein Pilot und vier Passagiere und 113 kg Gepäck. Mitführungsmöglichkeit von bis zu 545 kg Außenfracht.

Foto oben: JetRanger, ausgerüstet für Ambulanzeinsätze.

Foto rechts oben: TH H-57A SeaRanger

Foto rechts unten: A 17 Kiowa der Australischen Armee

Der Erstflug eines Bell Model 206 fand am 8. Dezember 1962 statt. Anfang 1976 hatte die Firma Bell und ihre Lizenznehmer (siehe Agusta-Bell) über 5000 Hubschrauber der Model 206-Baureihe produziert. Der Model 206A JetRanger, der von einer Wellenturbine Allison 250-C18A von 317 shp Leistung angetrieben wurde, wurde von 1971 an in der Serie vom Model 206B JetRanger II abgelöst. Mittels erhältlicher Umrüstungs-Bausätze können Hubschrauber

NAVY
N7883S

004
ARMY
A17-004

des Typs 206A zum Typ 206B umgebaut werden. JetRanger-Hubschrauber wurden sowohl für militärische als auch zivile Einsatzzwecke gefertigt, obwohl nur die von Agusta in Italien für die schwedischen Marinestreitkräfte produzierten Maschinen spezielle Kampfaufgaben ausführen können (siehe unter Agusta-Bell 206 JetRanger).
Am 23. Mai 1969 erhielt die US Army ihren ersten leichten Beobachtungs-Hubschrauber vom Typ OH-58 Kiowa, und schon im Herbst desselben Jahres gingen diese Maschinen in Vietnam in den Einsatz. Ende 1973 waren insgesamt 2200 Kiowa an die US Army ausgeliefert. Der Kiowa ähnelt im wesentlichen dem Model 206A, hat aber einen Hauptrotordurchmesser von 10,77 m und umgeänderte Kabinen-Auslegung und Elektronik. Zwischen dem 16. Dezember 1971 und Oktober 1972 wurden 74 in der Konzeption ähnliche COH-58 an Kanada ausgeliefert – die Typenbezeichnung wurde später in CH-136 abgeändert. Im Jahre 1971 wurde zwischen Bell und der Regierung Australiens ein Übereinkommen unterzeichnet, in dessen Rahmen der Model 206B-1 Kiowa in Australien in Serie gefertigt werden sollte, nachdem 12 Maschinen direkt aus den USA angeliefert wurden. Die Commonwealth Aircraft Corporation of Australia montiert die restlichen 44 Hubschrauber in ihren Werken. Die US Navy hat mit 40 Maschinen des Typs TH-57A SeaRanger, die für Trainingszwecke beschafft wurden, ebenfalls eine Kiowa-Version bestellt. Andere Betreiber der militärischen Varianten des Model 206 (nicht eingeschlossen die von Agusta gebauten Muster) sind die brasilianische Marine sowie die Armeen von Brunei, Jamaica und Sri Lanka.

Bell Model 206L LongRanger USA

Ziviler Mehrzweckhubschrauber. In Serienproduktion und Einsatz.

Antrieb: eine Wellenturbine Allison 250-C20B von 420 shp Leistung.
Rotordurchmesser: 11,28 m
Rumpflänge: 10,13 m
Leergewicht: 890 kg
Abfluggewicht: 1814 kg
Höchstgeschwindigkeit: 241 km/h
Reichweite: 620 km in 1525 m Höhe
Platzangebot: zwei Mann Besatzung und fünf Passagiere. Zwei Tragbahren und zwei Mann Betreuungspersonal. Innen- oder Außenfracht (bis 907 kg).

Der Bell Model 206L LongRanger, eine Weiterentwicklung aus dem Model 206B JetRanger II, wurde von Bell im September 1973 angekündigt. Er verfügt über einen längeren Rumpf als der JetRanger und ist mit dem Noda-Matic-Getriebeaufhängungssystem ausgestattet, das von Bell entwickelt wurde, um die vom Rotor erzeugten Vibrationen stark herabzusetzen und somit den Passagieren ein höheres Maß an Komfort zu bieten. Weitere Verbesserungen gegenüber dem JetRanger sind ein überarbeitetes Instrumentenbrett, Instrumentenpilz und Glareshield, um die Sicht nach vorn zu erleichtern, und verschiedene Änderungen, um die Wartbarkeit heraufzusetzen. Wenn man den verfügbaren Raum optimal nutzt, kann die Kabine des LongRanger (Volumen 2,35m^3) Gegenstände einer Länge bis 2,44 m aufnehmen. Ferner wurde der Beladevorgang durch die Anbringung von Doppeltüren an einer Rumpfseite erheblich problemloser: Die Doppeltür hat eine 1,52 m breite Öffnung, so daß nun auch sperrige Frachtstücke be- und entladen werden können.

Der Erstflug des LongRanger fand am 11. September 1974 statt, die Serienfertigung wurde von Bell im Jahre 1975 aufgenommen. In Fortsetzung der traditionellen Zusammenarbeit zwischen Bell und Agusta wird das italienische Unternehmen auch den LongRanger in Lizenz bauen.

Bell Model 212 Twin Two-Twelve USA

Militärischer und ziviler Mehrzweckhubschrauber. In Serienproduktion und Einsatz.

Daten: Twin Two-Twelve
Antrieb: eine aus zwei gekoppelten PT6-Wellenturbinen bestehende Antriebseinheit Pratt & Whitney (Canada) PT6T-3 Turbo Twin Pac von 1250 shp Leistung.
Rotordurchmesser: 14,69 m
Rumpflänge: 12,92 m
Leergewicht: 2517 kg
Abfluggewicht: 5080 kg
Höchstgeschwindigkeit: 203 km/h
Reichweite: 439 km
Platzangebot: ein Pilot und 14 Passagiere oder intern oder außen mitgeführte Fracht (bis 2268 kg Außenfracht bei der Zivil-, 1534 kg bei der Militärausführung).

Foto: Model 212 des Royal Brunei Regiment

Der Bell Model 212, ursprünglich mit Zustimmung der kanadischen Regierung als zweimotorige Version des Iroquois entwickelt, ist in großen Stückzahlen sowohl für den militärischen als auch für den zivilen Einsatz gebaut worden. Am 19. September 1969 kündigte die Firma Bell an, sie habe einen Auftrag auf 50 Hubschrauber des Typs Model 212 – er führt in Kanada die Bezeichnung CUH-1N – und eine Option auf 20 weitere Maschinen für die kanadischen Streitkräfte erhalten. Gleichzeitig wurde bekannt, daß auch von seiten der US-Streitkräfte Bestellungen eingegangen seien. Nach einigen Folgeaufträgen stehen heute 79 Model 212 für die US Air

Force und von 149 Maschinen für die US Navy bzw. das US Marine Corps im Bell-Auftragbuch. Die Auslieferung an die US Air Force startete im Jahre 1970, und die kanadischen Maschinen wurden zwischen Mai 1971 und Anfang 1972 abgenommen – sie wurden später in CH-135 umbenannt. Auch die US Navy und das US Marine Corps erhielten ihre ersten Exemplare im Jahre 1971 (alle US-Muster führen die Typenbezeichnung UH-1N). Die Zivilausführung dieses Hubschraubers ist als Twin Two-Twelve bekannt – über 250 Einheiten sind inzwischen verkauft worden. Zwei Twin Two-Twelve wurden für den Erhalt der IFR-Zulassung modifiziert. Zu den diesbezüglichen Änderungen zählen die neue Avionik, ein neues Instrumentenbrett und ein Stabilisierungssystem. Im Jahre 1973 wurden 20 IFR-ausgerüstete Model 212 an verschiedene Hubschrauber-Unternehmen bzw. Streitkräfte ausgeliefert, darunter eine norwegische Firma, die Flüge zu den Nordsee-Bohrinseln durchführt, und die japanischen Marine-Streitkräfte. Zu den größten Betreibern des Twin Two-Twelve zählt – mit 17 Maschinen – die peruanische Regierung. Obwohl diese Hubschrauber bei den Luftstreitkräften Perus stationiert sind, werden sie für Erdölsuche und andere Aufgaben in diesem Zusammenhang eingesetzt (siehe auch Agusta-Bell 212).

Bell Model 214A und 214B USA

Militärische und zivile Mehrzweckhubschrauber. In Serienproduktion und Einsatz.

Daten: 214B
Antrieb: eine Wellenturbine Lycoming T55-08D von 2930 shp Leistung.
Rotordurchmesser: 15,24 m
Leergewicht: 3380 kg (von Agusta gebautes Model 214A)
Abfluggewicht: 7257 kg
Marschgeschwindigkeit: 241 km/h

Platzangebot: ein Pilot und 14 Passagiere. 3175 kg außen oder 1814 kg innen mitgeführte Fracht, Gerät für Landwirtschafts-Einsätze oder 3025 Liter Wasser für Brandbekämpfung.

Foto: Bell Model 214B

Nach Vorführungsflügen des Model 214A im Iran (es handelt sich dabei um eine Weiterentwicklung des Prototyps Model 214 Huey Plus) erteilte die Imperial Iranian Air Force einen Auftrag auf 287 Exemplare dieses Baumusters. Die erste Lieferung erfolgte im April 1975, und am 29. des gleichen Monats stellte dieses Exemplar in seiner Klasse eine Reihe von Rekorden auf: Es erreichte eine Höhe von 9071 m, behielt diese Höhe im Horizontalflug bei, und erzielte ferner Rekord-Steigzeiten auf die Höhen von 3000 m, 6000 m und 9000 m. Zum Unterschied vom Vorführungsfluggerät, das noch mit einer Wellenturbine des Typs Lycoming T55-L-7C angetrieben war, sind die Serienmaschinen mit 2950 shp leistenden Ly-

coming LTC4B-8D-Triebwerken ausgerüstet und verfügen über das Getriebe und das Rotorsystem, wie sie für den Experimentalhubschrauber King Cobra entwickelt wurden, und über die Noda-Matic-Vibrationsunterdrückung. Die Reichweite des Model 214A wird mit ca. 480 km angegeben. Das maximale Abfluggewicht liegt bei 6803 kg (bei außen aufgehängter Last). Das zivile Gegenstück des Model 214A wurde von Bell im Januar 1974 angekündigt – der Model 214B. Sowohl der Haupt- als auch der Heckrotor haben abgeknickte Spitzen, und ferner ist der Hauptrotor mit einer Rotorachse fortgeschrittener Technologie ausgerüstet (Elastomer-Lager in der Anstellwinkel-Verstellung). Dieses Modell war ab dem Jahre 1975 erhältlich.
Der Bell Model 214A wird von der Firma Agusta auch in Italien gebaut. Als Antrieb dient ein Triebwerk, das dem in der amerikanischen Ausführung verwendeten sehr nahe kommt. Der Agusta-Bell 214A kann ebenfalls 16 Personen aufnehmen und hat ein maximales Abfluggewicht von 7257 kg. Die Reichweite wird mit 405 km genannt.

Bell UH-1 Iroquois USA

Mehrzweckhubschrauber. In Serienproduktion und Einsatz.

Daten: UH-1H
Antrieb: eine Wellenturbine Lycoming T53-L-13 von 1400 shp Leistung.
Rotordurchmesser: 14,63 m
Rumpflänge: 12,77 m
Leergewicht: 2116 kg
Abfluggewicht: 4309 kg

Höchstgeschwindigkeit: 204 km/h
Reichweite: 511 km
Platzangebot: ein Pilot und bis zu 14 Soldaten oder sechs Tragbahren und ein Mann Betreuungspersonal. 1759 kg Fracht.

Foto oben: UH-1H Iroquois

Die drei ersten bedeutenden Ausführungen des Iroquois gehörten der Model 204-Baureihe von Bell an und wiesen einen Rotordurchmesser von 13,41 m auf. Die erste davon war der HU-1A, der mit einem T53-L-1-Triebwerk ausgerüstet war. Die Auslieferung dieser Version, die für Mehrzweck-Transport und Verwundeten-Evakuierung ausgelegt war, (sechs Sitze oder zwei Bahren) begann am 30. Juni 1959. Darauf folgte der HU-1B, der acht Passagiere oder drei Tragbahren aufnahm und von einem T53-L-5-Triebwerk von 960 shp Leistung angetrieben war. Die Typenbezeichnung dieses Modells wurde später in UH-1B geändert, aber der Spitzname »Huey«, der sich aus der ursprünglichen Bezeichnung HU (amerikanisch ausgesprochen) ableitet, wird bis heute

noch angewendet. Diese Version wurde in großen Stückzahlen für die US Army gebaut und im Vietnamkrieg eingesetzt – einige davon auch in der bewaffneten Erdkampf-Unterstützungs-Mission. Letztere Einsatzrolle führte der UH-1B so erfolgreich aus, daß man es als wünschenswert erachtete, einen speziellen Kampfhubschrauber wie den Huey Cobra zu entwickeln. Varianten des UH-1B wurden von der italienischen Firma Agusta (siehe dort) und vom japanischen Unternehmen Fuji produziert und an die Streitkräfte von Australien, Österreich, Äthiopien, der Niederlande, Norwegens, Saudi-Arabiens, Spaniens, Schwedens und der Türkei geliefert. Die dritte Model 204-Version war der UH-1C, der als Antrieb eine T53-L-11-Turbine von 1 100 shp Leistung hatte und mit einem Rotor größerer Profiltiefe ausgerüstet war.
Bald nachdem die Auslieferung des ursprünglichen HU-1 angelaufen war, brachte man bei Bell das erste Baumuster einer größeren Iroquois-Serie zum Erstflug, das die Firmenbezeichnung Model 205 erhielt. Dieser Hubschrauber hatte das gleiche Triebwerk wie der UH-1C, verfügte aber über einen Rotordurchmesser von 14,63 m und konnte bis zu 14 Passagiere aufnehmen. Die US Army plazierte – unter der Militärbezeichnung UH-1D – einen Großauftrag auf diese Version, und die Auslieferung begann im August 1963. Zu den Exportkunden zählten Australien, Brasilien, Chile und Neuseeland, und 352 Maschinen dieses Typs wurden in der Bundesrepublik von Dornier für die deutschen Streitkräfte gefertigt. In der US Army und in Neuseeland trat der UH-1H die Nachfolge des D-Modells an – er erhielt die leistungsstärkere T53-L-13-Turbine als Antrieb (siehe auch Daten auf dieser Seite). Die ersten Maschinen an die US-Army wurden im Jahre 1967 geliefert, und seit dieser Zeit wurden große Stückzahlen fertiggestellt. Mehr als 600 Maschinen – ca. die Hälfte aller bei Bell produzierten UH-1H – wurden an die Luftstreitkräfte Südvietnams weitergegeben; 32 Stück erhielt Kambodscha. Die Serienfertigung dieser Ausführung läuft ferner in Taiwan und Japan, wobei zur Zeit die nationalchinesische Armee 118 UH-1H und die japanischen Boden-Selbstverteidigungs-Streitkäfte ca. 55 Bestellungen halten. Die Ausführungen UH-1D/H wurden auch von Agusta gebaut (siehe Agusta-Bell 205 und 205A-1).
Zu den Ableitungen aus den Hauptversionen zählen der UH-1E, ein Erdkampfhubschrauber des US Marine Corps, der aus dem UH-1B weiter entwickelt wurde; der Unterstützungshubschrauber UH-1F

Foto oben: US Navy Iroquois in der Antarktis
Foto unten: A2 (UH-1H) der RAAF

der US Air Force, der im Jahre 1963 erstmals bestellt wurde (Antrieb eine General Electric T58-GE-3-Turbine von 1100 shp Leistung); die Muster TH-1F für die US Air Force; die Version UH-1P für psychologische Kriegführung in Vietnam, das US Navy-Modell HH-1K für Luft-See-Rettungsaufgaben, das auf dem UH-1E basiert; die Trainings-bzw. Mehrzweckausführungen TH-1L und UH-1L; die für Nachtsicht-Einsätze ausgerüsteten bewaffneten Army-Hubschrauber UH-1M; die für die kanadischen Streitkräfte gelieferten CH-118, die der Version UH-1H ähneln; und schließlich 30 HH-1H-Rettungshubschrauber für die US Air Force, die 1970 in Auftrag gegeben wurden.
Das 7000. Model 205-Exemplar wurde 1973 fertiggestellt, und seither wurde sowohl die zivile als auch die militärische Produktion weitergeführt. Die zweimotorigen Varianten Model 212, der Schwerlasthubschrauber Bell Model 214A und verschiedene Zivilausführungen des Iroquois, die von Agusta gebaut werden, sind separat in diesem Buch beschrieben.

Boeing Vertol (und Kawasaki) Model 107/H-46 Sea Knight USA (und Japan)

Transport-, Mehrzweck- und Militärhubschrauber. In Serienproduktion und Einsatz.

Daten: Kawasaki KV-107/II-2
Antrieb: zwei Wellenturbinen General Electric CT58-110-1 oder Ishikawajima-Harima CT58-IHI-110-1 von jeweils 1250 shp Leistung.
Rotordurchmesser: je 15,24 m
Rumpflänge: 13,59 m
Leergewicht: 4868 kg
Abfluggewicht: 8618 kg
Höchstgeschwindigkeit: 270 km/h
Reichweite: 175 km mit 3000 kg Nutzlast
Platzangebot: zwei Mann Besatzung, 25 Passagiere und 680 kg Gepäck oder Fracht.

Foto: UH-46D

Dieser Hubschrauber wurde ursprünglich von Boeing produziert, nachdem dieses Unternehmen die Vertol Aircraft Corporation, die für den Basisentwurf verantwortlich war, aufgekauft hatte. Der erste von drei für US Army-Bewertungsflüge gebauten mittleren Transporthubschraubern YHC-1A hatte am 27. August 1959 Erstflug. Den Antrieb lieferten zwei YT58-GE-6-Wellenturbinen. Die US Army erteilte allerdings keinen Produktionsauftrag, aber eine weiterentwickelte Version gewann im Februar 1961 einen Entwurfswettbewerb des US Marine Corps und wurde unter der Typenbezeichnung CH-46 Sea Knight fest bestellt (Antrieb zwei T58-GE-8B von je 1250 shp Leistung). Das erste Exemplar dieser Ausführung

flog am 16. Oktober 1962 erstmals, und schließlich wurde bei der CH-46-Baureihe einen Auftragsbestand von 600 Maschinen verzeichnet. Der YHC-1A wurde inzwischen in CH-46C umbenannt. Im Jahre 1964 kam ein US Navy-Modell unter der Typenbezeichnung UH-46A heraus – es sollte Versorgungsflüge für Schiffe auf See durchführen. 24 Einheiten gelangten mit T58-GE-8B-Triebwerken zur Auslieferung, darauf folgte die Version UH-46D mit T58-GE-10-Turbinen. Ähnliche Triebwerke wurden in die zweite Marine Corps-Variante, den CH-46D eingebaut, der im August 1966 entstand. Als nächstes Modell gilt der mit zusätzlicher Avionik ausgerüstete CH-46F (1968), und 1974 entstand der erste CH-46E, von dem ca. 300 Stück gefertigt wurden. Bei diesem Baumuster handelt es sich um frühe Sea Knight-Modelle, die auf T58-GE-16-Triebwerke einer Leistung von 1870 shp umgerüstet wurden. Zu den exportierten Versionen zählen 18 Model 107-II-9 für Kanada – sechs davon fanden bei den Luftstreitkräften als CH-113A Labrador und 12 bei den Landstreitkräften als CH-113 Voyageur Verwendung, bevor die kanadischen Streitkräfte zusammengeführt wurden. 14 Exemplare des Typs Model 107-II-15, die mit Bristol Siddeley Gnome H.1200 ausgestattet wurden, wurden an die Königlich-schwedischen Luftstreitkräfte und Marine geliefert (Bezeichnung HKP-7).
Seit dem Jahr 1965 hält das japanische Unternehmen Kawasaki exklusive Marketing-Rechte für den 107 Model II und hat sich auch die Fertigungsrechte in Japan gesichert (Bezeichnung KV-107/II). Kawasaki bietet sowohl Zivil- als auch Militärversionen an. Der KV-107/II ist die Mehrzweck-Grundversion, von der allerdings bisher keine Serie aufgelegt wurde. Der Airline-Hubschrauber KV-107/II-11 wurde inzwischen für verschiedene Anwender produziert, darunter New York Airways (ein Stück), Pan American (zwei, betrieben von New York Airways), Air Lift Inc. of Japan (zwei) und drei Maschinen für Einsätze in Thailand. Andere Zivilausführungen sind der KV-107/II-6, der sechs- bis elfsitzige VIP-Transporter KV-107/II-7, von dem eine Maschine nach Thailand verkauft wurde, und die verbesserte Variante KV-107/IIA-17. Letztere ist eine Langstrecken-Version mit Wellenturbinen vom Typ CT58-140-1 von je 1400 shp Leistung als Antrieb und Unterbringungsmöglichkeit für bis zu 24 Passagiere, 12 Passagiere plus Fracht oder Tragbahren. Ein Exemplar davon wurde an die Tokyo Metropolitan Police geliefert.

Kawasaki KV-107/II-4 der japanischen Boden-Selbstverteidigungs-Streitkräfte mit Rad-Ski-Fahrwerk

Militärische Ausführungen sind der Minenräum-Hubschrauber KV-107/II-3 für die japanische Marine, von dem neun Einheiten beschafft worden sind (darunter sieben mit 1400 shp-Triebwerken ausgerüstete Maschinen mit der Typenbezeichnung KV-107/IIA-3); ferner der Transporthubschrauber KV-107/II-4 für die japanische Armee (42 Stück bis 1976 ausgeliefert, zusätzlich 10 Maschinen des Typs KV-107/IIA-4 mit 1400 shp-Turbinen); und schließlich die Langstrecken-Such-und Rettungsversion KV-107/II-5 für die japanischen Luftstreitkräfte, von der 1976 22 Exemplare ausgeliefert waren – sieben davon als KV-107/IIA-5 mit 1400 shp-Triebwerken. Ferner hat die schwedische Marine acht KV-107/II-5 mit zusätzlicher Ausrüstung beschafft. Diese Versionen wurden nach ihrer Lieferung nach Schweden in den Jahren 1972 bis 1974 mit Triebwerken des Typs Rolls-Royce Bristol Gnome ausgestattet.

Boeing Vertol CH-47 Chinook USA

Mittlerer Transporthubschrauber. In Serienproduktion und Einsatz.

Daten: CH-47C
Antrieb: zwei Wellenturbinen Lycoming T55-L-11C von je 3750 shp Leistung.
Rotordurchmesser: je 18,29 m
Rumpflänge: 15,54 m
Leergewicht: 9736 kg
Abfluggewicht: 20865 kg
Höchstgeschwindigkeit: 304 km/h
Einsatzradius: 185 km bei einer Geschwindigkeit von 257 km/h mit 5285 kg Nutzlast
Platzangebot: zwei oder drei Mann Besatzung und 33 bis 44 ausgerüstete Soldaten. 27 Fallschirmspringer, 24 Tragbahren und zwei Mann Betreuungspersonal oder bis zu 10528 kg Außen- bzw. 5992 kg Innenlast.

Foto: Ein CH-47 stützt sich während des Schwebefluges auf einen Hügelhang auf, um in einer Gegend ohne Landemöglichkeit Versorgungsgüter und Gerät zu entladen.

Die Entwicklung des »Gefechtsfeld-Mobilitäts«-Hubschraubers Vertol Model 114 begann im Jahre 1956, und bereits im Jahre 1959 erhielt das Unternehmen einen Auftrag auf fünf YHC-1B-Prototypen, von denen der erste am 21. September 1961 zum Erstflug startete. Im Juli 1962 wurde die Typenbezeichnung des Hubschraubers in H-47 umgeändert – aus diesem Grund hießen die Prototypen ab nun YCH-47A und die ersten Serienhubschrauber CH-47A. Sie wurden ursprünglich von Lycoming T55-L-5-Triebwerken einer

CH-147 Chinook der kanadischen Streitkräfte

Leistung von 2200 shp angetrieben, die aber später durch 2650 shp leistende T-55-L7 ersetzt wurden. Die Auslieferung des CH-47A an die US Army lief im Dezember 1962 an. Dieses Hubschraubermuster wurde sowohl von den Amerikanern als auch – von 1971 an – von den Luftstreitkräften Südvietnams in großen Stückzahlen in Vietnam eingesetzt. Mittlerweile hatte im Oktober 1966 der erste CH-47B den Erstflug ausgeführt. Von T55-L-7C-Turbinen einer Leistung von 2850 shp angetrieben, verfügte diese Ausführung über umkonstruierte Rotorblätter und wies verschiedene kleinere Modifikationen im Rumpfbereich auf. Die Auslieferung lief im Mai 1967 an. Am 14. Oktober des gleichen Jahres flog die Ausführung CH-47C erstmals (Beschreibung siehe oben), und die Serienmaschinen des C-Modells erreichten den Kriegsschauplatz in Vietnam im September 1968.

Anfang 1976 waren insgesamt 699 Chinook an die US Army ausgeliefert. Es ist geplant, daß alle verbleibenden CH-47A und B auf CH-47C-Standard umgerüstet werden. Im September 1974 begann die Lieferung von acht CH-47C an Kanada – das Gerät führt dort die Bezeichnung CH-147. Andere von Boeing gebaute Chinook stehen in Australien (12 Maschinen), in Spanien (7), in Thailand (4) und in der Türkei im Einsatz. In Italien hat man bei Agusta/Meridionali seit dem Jahre 1970 Chinook-Hubschrauber in Lizenz gefertigt, um von seiten der iranischen Armee und Luftwaffe (insgesamt 42 Maschinen) und der italienischen Armee (26 Stück) eingegangene Aufträge zu erfüllen.

Boeing Vertol YUH-61A USA

Mehrzweck-Transporthubschrauber. In Entwicklung.

Daten: YUH-61A
Antrieb: zwei Wellenturbinen General Electric T700-GE-700 von je 1500 shp Leistung.
Rotordurchmesser: 14,94 m
Rumpflänge: 15,77 m
Leergewicht: Ca. 4260 kg
Abfluggewicht: 8482 kg
Max. Marschgeschwindigkeit (Model 179): 296 km/h
Reichweite (Model 179): 963 km
Platzangebot: drei Mann Besatzung und 11 Soldaten. Vier Tragbahren oder Fracht.

Am 30. August 1972 kündigte das US Department of Defense an, es habe an die US-Firmen Boeing Vertol und Sikorsky Aufträge zur Konstruktion und zur Erprobung von je drei Prototyp-Hubschraubern für das UTTAS-Programm der US Army erteilt (UTTAS = Utility Tactical Transport Aircraft System = taktisches Mehrzweck-Transport-Flugzeugsystem). Die UTTAS-Serienhubschrauber sollten die heute noch im Einsatz stehenden Bell UH-1H ablösen. Das Konkurrenzmuster von Boeing Vertol für diese Ausschreibung war der YUH-61A, dessen erster Prototyp am 29. November 1974 Erstflug hatte. Der zweite Prototyp flog am 19. Februar 1975 erstmals. Inzwischen hat – kurz nach Abfassung dieses Manuskripts – das Sikorsky-Baumuster YUH-60A den UTTAS-Wettbewerb für sich entschieden (siehe dort), aber uns erscheint dennoch angebracht, den YUH-61 in diesem Typenbuch zu belassen.

Der YUH-61A, bei dessen Entwurf das Hauptaugenmerk auf die Fertigungskosten-Forderungen, auf Zuverlässigkeit und leichte Wartungsmöglichkeit gelegt wurde, verfügt über einen einfachen gelenklosen Rotor aus Verbund-Werkstoff, der weniger Teile als frühere Rotorkonstruktionen aufweist und verbesserte Stabilität und Sicherheit bieten soll. Ferner enthält der Hubschrauber-Entwurf des YUH-61A viele andere fortgeschrittene Konstruktionsmerkmale. Boeing Vertol hat ferner eine Zivilversion des YUH-61A entwickelt, die die Bezeichnung Model 179 führt (siehe dort), und eine weitere Variante wurde als Konkurrenzmuster in die US Navy-Ausschreibung MkIII LAMPS eingereicht.

Brantly-Hynes B-2 USA

Leichthubschrauber. In Serienproduktion und Einsatz.

Daten: B-2B
Antrieb: ein Kolbenmotor Lycoming IVO-360-A1A von 180 shp Leistung.
Rotordurchmesser: 7,24 m
Länge: 6,62 m
Leergewicht: 463 kg mit Kufen
Abfluggewicht: 757 kg
Höchstgeschwindigkeit: 161 km/h
Reichweite: 400 km
Platzangebot: zwei Personen und 22,7 kg Gepäck.

Der ursprüngliche B-2-Entwurf stammt von Mr.N.O.Brantly und startete im Jahre 1953 zum Erstflug.Die erste B-2-Serienversion war mit einem 180 shp leistenden Lycoming VO-360-A1A-Kolbenmotor ausgerüstet. Darauf folgte die verbesserte Ausführung B-2A, die eine überarbeitete Kabine und umfangreichere Ausstattung aufwies und zu der bedeutenderen Serienversion B-2B überleitete. Diese besitzt einen Einspritzermotor und wurde von der gegenwärtigen Herstellerfirma Brantly-Hynes, die im Jahre 1975 gegründet wurde, wieder in die Serienproduktion übernommen. Eine weitere Ausführung, der B-2E, wurde als verbesserte Version des B-2B mit Lycoming-Kolbenmotor gedrosselter Leistung (205 shp), Solid-State-Instrumentierung und besserer Kabinenheizung einer Erprobung unterzogen, ging aber nicht in die Serienfertigung. Insgesamt sind vor dem Wiederanlaufen der B-2B-Produktion ca. 400 B-2 gebaut worden.

Brantly-Hynes Model 305 USA

Leichter Zivilhubschrauber. In Serienbau und Einsatz.

Antrieb: ein Kolbenmotor Lycoming IVO-540-A1A von 305 shp Leistung.
Rotordurchmesser: 8,74 m
Rumpflänge: 7,44 m
Leergewicht: 817 kg
Abfluggewicht: 1315 kg
Höchstgeschwindigkeit: 193 km/h
Reichweite: 354 km mit maximalem Treibstoffvorrat und Nutzlast
Platzangebot: fünf Personen.
Raum für 113 kg Gepäck.

Der Brantly-Hynes Model 305 ist im wesentlichen eine maßstäblich vergrößerte Version des zweisitzigen B-2B (siehe dort). Er wurde nach der Gründung der Brantly-Hynes Helicopter Inc. im Jahre 1975 wieder in die Serienfertigung genommen. Der Prototyp war aber bereits im Januar 1964 zum Erstflug gestartet, und die FAA-Zulassung für den Model 305 wurde bereits im Juli des folgenden Jahres erteilt. 1970 wurden alle Rechte an den Brantly-Hubschraubern an die Firma Brantly Operators Inc. abgegeben, und die Produktion beschränkte sich auf Ersatzteile für bereits im Dienst befindliche Baumuster, bis die Brantly-Hynes Helicopter Inc. gegründet wurde. Der Brantly-Hynes 305 kann entweder mit einem Rad-, Kufen- oder Schwimmer-Fahrgestell ausgerüstet werden.

Enstrom Model F-28A und Model 280 Shark USA

Leichter Zivilhubschrauber. In Serienproduktion und Einsatz.

Daten: F-28A
Antrieb: ein Vierzylinder-Kolbenmotor Lycoming HIO-360-C1A von 205 shp Leistung.
Rotordurchmesser: 9,75 m
Länge: 8,99 m
Leergewicht: 657 kg
Abfluggewicht: 975 kg
Höchstgeschwindigkeit: 180 km/h
Reichweite: 381 km
Platzangebot: drei Personen

Foto oben: Model F-28A

Der Prototyp des F-28, des ersten bedeutenden Hubschraubermusters, das von der Enstrom Corporation nach ihrer Gründung im Jahre 1959 entwickelt wurde, hatte im Mai 1962 Erstflug. Dieses Modell wurde auch in die Serienproduktion übernommen. Allerdings wurde es nur in geringer Stückzahl gebaut, bevor es 1968 von der verbesserten Ausführung F-28A abgelöst wurde. Von Oktober 1968 bis Februar 1970 war das Unternehmen im Besitz der Purex Corporation, aber die Purex-Beteiligung an Enstrom wurde in der Folge von F. Lee Bailey übernommen, unter dessen Management die Serienfertigung des F-28A wieder aufgenommen wurde. Im Frühjahr 1975 waren 311 Exemplare fertiggestellt. Mittlerweile war im Jahre 1973 eine verbesserte Version des F-28A geflogen: Das als Model 280 Shark bekannte Baumuster ähnelt dem Ausgangsmodell, hat aber eine aerodynamisch günstiger durchgebildete Kabine, Flossen im unteren und oberen Rumpfbereich und eine kleine Höhenflosse sowie eine größere standardmäßige Treibstoffkapazität, die dem 280 Shark zu einer Reichweite von ca. 315 km verhilft. Voraussichtlich wird dieses Modell mit einem Turboladermotor zugelassen werden.

Enstrom Model 280 Shark

Fairchild-Hiller FH-1100 USA

Ziviler und militärischer Mehrzweckhubschrauber. Im Einsatz.

Antrieb: eine Wellenturbine Allison 250-C18 von shp Leistung.
Rotordurchmesser: 10,79 m
Rumpflänge: 9,08 m
Abfluggewicht: 1247 kg

Max. Marschgeschwindigkeit: 204 km/h
Reichweite: 560 km
Platzangebot: fünf Personen

Foto: FH-1100 der argentinischen Marine

Am 26. Januar 1963 hatte der Prototyp des Beobachtungshubschraubers Hiller OH-5A seinen Erstflug. Er war gebaut worden, um an einer Ausschreibung der US Army teilzunehmen, die in der Folge vom Baumuster Hughes OH-6A Cayuse gewonnen wurde. Inzwischen war die Firma Hiller Mitte der sechziger Jahre von Fairchild übernommen worden, und die Entwicklung und Fertigung des OH-5A wurden in eigener Regie von diesem Unternehmen weitergeführt. In seiner weiterentwickelten Form erhielt der OH-5A die neue Bezeichnung FH-1100, und die erste Serienmaschine wurde am 3. Juni 1966 fertiggestellt. Sie war sowohl für zivile als auch militärische Aufgaben geeignet. Der erste Auftrag ging von seiten der Luftstreitkräfte der Philippinen ein, die acht Exemplare bestellten. Andere Maschinen tun bei der argentinischen Armee, bei der brasilianischen Marine und bei den Streitkräften Ecuadors und El Salvadors Dienst.

Hiller UH-12, Model 360 und H-23 Raven — USA

Militärischer und ziviler Mehrzweckhubschrauber. Im Einsatz.

Daten: Hiller 12E-L3
Antrieb: ein Kolbenmotor Lycoming VO-540-C2B von 305 shp Leistung.
Rotordurchmesser: 10,80 m
Rumpflänge: 8,69 m
Leergewicht: 798 kg
Max. Abfluggewicht: 1405 kg

Max. Marschgeschwindigkeit: 145 km/h
Reichweite: 703 km mit Zusatztanks
Platzangebot: ein Pilot und zwei Passagiere plus 57 kg Gepäck.

Foto: Hiller E4

Mehr als 2000 Hubschrauber dieses Typs wurden für militärische und zivile Aufgaben gebaut, und obwohl die Serienfertigung bereits in den sechziger Jahren auslief, sind noch viele Exemplare im Einsatz. Alle davon sind dreisitzig, mit Ausnahme der viersitzigen Ausführungen OH-23F und E4.

Die erste Militärversion dieses Baumusters war der H-23A, von dem 100 Maschinen für die US Army, 16 für die US Navy (als HTE-1-Trainer) und fünf für die US Air Force fertiggestellt wurden. Die Ausführung OH-23B hatte ursprünglich die Bezeichnung H-23B und war mit einer leistungsstärkeren Turbine und Doppelsteuerung ausgerüstet. 273 Einheiten davon wurden für die US Army und 35 – als Trainingshubschrauber HTE-2 – für die US Navy gebaut.Der OH-23C, von dem 145 Maschinen produziert wurden, hatte den in

einer Stückzahl von 483 Exemplaren gebauten OH-23D als Nachfolgemuster, der einen Kolbenmotor Lycoming VO-435 von 250 shp Leistung als Antrieb hatte. Darauf folgten die Modelle OH-23F, von dem 22 Stück gebaut wurden (Antrieb ein Lycoming-Motor O-540-9), und OH-23G. Diese letzte Ausführung verfügte über ein ähnliches Triebwerk wie der OH-23F und wurde in einer Stückzahl von 392 Maschinen produziert. Davon waren 21 HT.Mk 2-Trainer für die Royal Navy und 24 CH-112 Nomad für Kanada. Insgesamt wurden die verschiedenen Ausführungen des H-23 in ca. ein Dutzend Länder exportiert. Von den Militärversionen, die heute noch im Einsatz sind, sind der OH-23D und der OH-23G die wichtigsten.
Die zivilen Varianten des Hubschraubers wurden unter den Bezeichnungen UH-12 und Model 360 produziert und unterscheiden sich beträchtlich voneinander. Die Erstversion war der Hiller Model 12, der mit einem Franklin-Motor 6V4-178-B33 von 178 shp Leistung ausgerüstet war. Darauf folgten die Baumuster Model 12A, 12B und 12C, die von 200 shp- bzw. 210 shp-Franklin-Motoren angetrieben wurden. Mit der Version 12C gelangten auch die »Goldfisch-Glas«-förmige Kabine und Ganzmetall-Rotorblätter zur Anwendung. Der Hiller Model 12E wurde in zwei Varianten gefertigt, dem 12E-L3 und dem 12E-SL3 mit einem Turboladermotor Lycoming TIVO-540-A2A von 315 shp Leistung als Antrieb. Die letzte Ausführung war der Hiller Model E4, ein der Militärversion OH-23F ähnelnder Viersitzer mit verlängertem Rumpf und gepfeilten Heckflächen. Dieses Modell wurde sowohl als kompletter Hubschrauber als auch in Baukastenform zum Versand gebracht, um den 12E auf E4-Standard zu bringen.

Hughes Model 269 und 300 USA

Militärischer und ziviler Leichthubschrauber. In Serienbau und Einsatz.

Daten: TH 55-A
Antrieb: ein Kolbenmotor HIO-360-B1A von 180 shp Leistung.
Rotordurchmesser: 7,71 m
Rumpflänge: 6,80 m
Leergewicht: 457 kg
Max. Abfluggewicht: 839 kg
Höchstgeschwindigkeit: 138 km/h
Reichweite: 328 km

Platzangebot: zwei Personen in der Ausführung TH-55A, drei im Model 300.

Foto oben: Model 300CQ im Polizeidienst.

Foto nächste Seite: Model 280 U beim Pflanzenschutz

Die Entwicklung eines zweisitzigen Leichthubschraubers, der als Model 269 bekannt war, wurde im Jahre 1955 von Hughes Helicopters aufgenommen. Der erste Prototyp hatte im Oktober 1956 Erstflug und – nach einigen Modifikationen zur Entwurfsvereinfachung – startete man die Serienfertigung unter der Typenbezeichnung 269A. Mittlerweile hatte die US Army mit Erfolg fünf Vorserienmuster einer Bewertung unterzogen (Bezeichnung YHO-2HU). Die Auslieferung der Serienmaschinen, die als Beobachtungs- und Kommandohubschrauber Verwendung fanden, lief im Oktober 1961 an, und seit dieser Zeit wurde der Hubschrauber kontinuierlich weiterentwickelt. Die gegenwärtigen Versionen sind die Ausführungen Model 300, Model 300C, Model 300CQ und TH-55A Osage. Die erste davon ist die dreisitzige Basisvariante, die seit 1964 im Serienbau steht. Von Mitte 1967 an wurden die Serienmaschinen mit einem »leisen« Heckrotor ausgerüstet, der den Gesamt-Lärmpegel des Hubschraubers um 4/5 senken soll. Um die früheren Hughes Model 300 auf diesen Standard zu bringen, sind Bausätze erhältlich. Der Prototyp Model 300C hatte im August 1969 Erstflug, angetrieben von einem Lycoming-Motor HIO-360-D1A von 190 shp Leistung, der auf einen Rotor eines Durchmessers von 8,18 m wirkte. Diese und andere Modifikationen verhalfen dem 300C zu einer Nutzlasterhöhung von 45 Prozent und zu einer Höchstgeschwindigkeit von 169 km/h. Die Lizenzfertigung des Model 300C in Italien begann bei der Firma Breda-Nardi im Jahre 1974. Hughes produzierte auch eine »leise« Version des Model 300C, die als Model 300CQ bekannt ist. Gegenwärtige Model 300C-Hubschrauber können auf diesen Standard modifiziert werden. Bis März 1971 waren nicht weniger als 1671 Hubschrauber der Baureihe für zivile Kunden ausgeliefert.

Die Bezeichnung TH-55A Osage wird auf die 792 Model 269A angewendet, die von der US Army als Anfangstrainer in den Jahren 1964 bis 1969 beschafft wurden. Kleine Stückzahlen ähnlicher Baumuster wurden auch nach Algerien, Brasilien, Kolumbien, Ghana, Kenya und Nicaragua verkauft – für militärische Zwecke.

Hughes OH-6 Cayuse und Model 500, 500C und 500M — USA

Leichter Militär- und Zivilhubschrauber. In Serienproduktion und Einsatz.

Daten: OH-6A Cayuse
Antrieb: eine Wellenturbine Allison T63-A-5A von 317 shp Leistung (gedrosselt auf 252,5 shp).
Rotordurchmesser: 8,03 m
Rumpflänge: 7,01 m
Leergewicht: 557 kg
Abfluggewicht: 1090 kg
Höchstgeschwindigkeit: 241 km/h
Reichweite: 611 km in 1525 m Höhe
Platzangebot: zwei Mann Besatzung und bis vier Soldaten bzw. Fracht.
Bewaffnung: Einbaumöglichkeit für eine XM-27 7,62 mm-Kanone oder einen XM-75-Granatwerfer.

Foto oben: OH-6A Cayuse mit Mehrfachlauf-Maschinenkanone auf der Rumpfseite

Der OH-6A Cayuse ist ein leichter Beobachtungshubschrauber, der bei der US Army in Dienst steht. Ursprünglich wurden fünf Prototypen für die Evaluation gegen ähnlich ausgelegte Hubschraubertypen von Bell und Hiller gebaut, und der erste davon hatte am 27. Februar 1963 Erstflug. Der Hughes-Entwurf wurde schließlich von der US Army ausgewählt, und im August 1970 hatte diese Streitkraft alle bestellten 1434 OH-6A erhalten. Im April 1971 gab Hughes die Existenz einer Experimentalversion des Cayuse bekannt und bezeichnete ihn als den leisesten Hubschrauber der Welt. Dieses Baumuster, als »the Quiet One« (also der Leise) bekannt, besaß ei-

Hughes 500 M, ausgerüstet für den U-Boot-Kampf bei der spanischen Marine.

nen Fünfblatt- statt eines Vierblatt-Hauptrotors, einen Vierblatt- statt eines Zweiblatt-Heckrotors, einen Auspuffdämpfer und eine komplett verkleidete Triebwerk-Baugruppe. Weitere Versionen des Cayuse sind der OH-6C, der – mit einer Wellenturbine Allison 250-C20 von 400 shp Leistung ausgerüstet – eine Geschwindigkeit von 200 mph (322 km/h) erreichte, ferner der Entwurfsvorschlag OH-6D Advanced Scout. Von April 1968 an wurde die militärische Exportversion, die die Bezeichnung Model 500M führt, an verschiedene Streitkräfte des Auslandes zur Auslieferung gebracht, darunter die spanische Marine (für U-Boot-Kampfeinsätze mit magnetischem Suchgerät und zwei Mk 44-Torpedos), Mexiko, die Philippinen, Kolumbien, Dänemark und Argentinien. Andere Ausführungen wurden von Kawasaki in Japan gebaut (97 OH-6J für die japanische Armee, drei für die Marine und 34 für zivile Kunden waren Anfang 1976 ausgeliefert), ferner von Breda-Nardi in Italien (eine Landversion für die italienische Armee und eine U-Boot-Kampfversion) und von der Firma RACA in Argentinien.
Die Modelle 500 und 500C sind Zivilversionen des Hubschraubers. Erstere wird wie der Model 500M von einer Wellenturbine Allison 250-C18A von 317 shp Leistung ausgerüstet, einer Zivilversion der T63-A-5A-Turbine, die auf 278 shp gedrosselt wurde. Normalerweise kann diese Ausführung einen Piloten und vier Passagiere oder Innen- und Außenfracht aufnehmen, aber maximal können bis zu sieben Personen mitgeführt werden. Auf Wunsch kann der Mo-

del 500 mit Doppelsteuer, Frachthaken, Winde und Bausatz für die Aufnahme von Krankentragen geliefert werden. Der Hughes Model C unterscheidet sich von der Ausführung 500 durch eine auf 278 shp Leistung gedrosselte Allison 250-C20-Wellenturbine von 400 shp, die für Betrieb bei hohen Temperaturen und in großen Einsatzhöhen geeignet ist. Die Zivilvarianten des Hughes Model 500, die in Japan von der Firma Kawasaki montiert werden, sind als Model 369HS bekannt.

Hughes Model 500D USA

Leichter Zivilhubschrauber. In Serienproduktion und Einsatz.

Antrieb: eine Wellenturbine Allison 250-C20B von 420 shp Leistung.
Rotordurchmesser: 8,05 m
Rumpflänge: 7,01 m
Leergewicht: 598 kg
Abfluggewicht: 1360 kg
Höchstgeschwindigkeit: 281 km/h
Reichweite: 594 km in 1525 m Höhe
Platzangebot: ein Pilot und vier bis sechs Passagiere.

Foto: Hughes 500D in der Einsatzrolle als »fliegender Kran«

Der Hughes 500D ist hinsichtlich der Abmessungen und des Aussehens dem Model 500C im großen und ganzen ähnlich, unterscheidet sich aber von diesem hauptsächlich durch ein leistungsstärkeres Triebwerk, ein verstärktes Getriebe, einen Fünfblattrotor

größeren Durchmessers, einen geneigten Heckrotor und ein T-Leitwerk, das dem Hubschrauber bessere Stabilität sowohl im Hoch- als auch im Niedriggeschwindigkeits-Bereich verleiht und auch seine Handhabung in außergewöhnlichen Flugzuständen verbessert. Der 500D-Prototyp hatte im August 1974 Erstflug, und inzwischen ist auch die Zulassung in der Normal- und in der Utility-Kategorie erteilt.
Der Pilot und zwei Passagiere sind im 500D auf einer vorderen Sitzbank untergebracht, wodurch der hintere Kabinenbereich noch Platz für zwei bis vier weitere Fluggäste bietet. Unter den Sitzen befindet sich ein Gepäckfach. Auf Wunsch kann ein Frachthaken mit Winde für Rettungseinsätze geliefert werden.

Kaman H-2 Seasprite USA

Bordstationierter U-Boot-Kampfhubschrauber. Lenkwaffen- und Mehrzweckhubschrauber. In Einsatz.

Daten: SH-2F
Antrieb: zwei Wellenturbinen General Electric T58-GE-8F von je 1350 shp Leistung.
Rotordurchmesser: 13,41 m
Länge (bei gefalteten Rotorblättern und geklapptem Bug): 11,68 m
Leergewicht: 3193 kg
Abfluggewicht: 5805 kg
Höchstgeschwindigkeit: 265 km/h
Reichweite: 679 km
Platzangebot: drei Mann Besatzung

Bewaffnung: Zielsuchtorpedos der Typen Mk 44 oder Mk 46 können an Aufhängevorrichtungen an den Zusatztanks mitgeführt werden.

Foto oben: YSH-2E mit Experimentalradar

Foto rechte Seite: SH-2F. Gut sichtbar die Sonarbojen-Rohre und der Zielsuchtorpedo an der linken Rumpfseite.

Der Prototyp des Seasprite flog am 2. Juli – angetrieben von nur einer T58-GE-8B-Wellenturbine von 1250 shp Leistung – erstmals. Die erste Serienausführung für die US Navy war der dem Prototyp sehr ähnliche Allwetter-Mehrzweckhubschrauber UH-2A, von dem 88 Stück gebaut wurden; er ging bei der US Navy Mitte Dezember 1962 in Einsatz. Im August folgte der erste von insgesamt 102 UH-2B, der nur mit VFR-Elektronik ausgestattet war. Allerdings wurden alle UH-2A und UH-2B bald auf je zwei T58-GE-8F-Wellenturbinen umgerüstet und in UH-2C umbenannt. Sie traten beginnend mit Ende 1976 den Dienst bei der US Navy an, und alle späteren Versionen waren eigentlich modifizierte UH-2C Seasprite. Die erste modifizierte Variante war der NUH-2C, eine einzige Maschine, die ursprünglich für die Aufnahme von Sparrow III-Lenkwaffen und das zugehörige Gerät umgerüstet wurde, um die Verwendungsmöglichkeit des Seasprite als Lenkwaffen-Plattform zu untersuchen. Dasselbe Exemplar wurde – mit der Typenbezeichnung NHH-2D – im Jahre 1975 Tests unterzogen, in denen Hubschrauber-Landemethoden auf kleinen Schiffplattformen im Rahmen des sogenannten Hauldown/Secure/Traverse-Programms der US Navy erprobt wurden. Für Such- und Rettungsaufgaben in Südostasien wurden sechs HH-2C gebaut, die mit Zusatzausrüstung,

schwerer Panzerung, Vierblatt-Heckrotor und doppelt bereiften Hauptfahrwerksrädern ausgerüstet waren und ein erhöhtes Abfluggewicht aufwiesen. Das nächste Baumuster ist der HH-2D, der in 67 Einheiten gefertigt wurde und dem HH-2C ähnelt – allerdings ohne Bewaffnung und Panzerung. Im Jahre 1971 wurden zwei HH-2D für die Erprobung in einer Lenkwaffen-Abwehrrolle gegen Schiffe im Rahmen des LAMPS-Programms der US Navy modifiziert (LAMPS = Light Airborne Multi-Purpose System = Leichtes fliegendes Mehrzweck-System). Diese Ausführung wurde mit einem Experimentalradar unter dem Rumpfbug ausgestattet und an Bord der USS Fox einer Bewertung unterzogen. Zwei andere HH-2D wurden zu fliegenden Erprobungsträgern für U-Boot-Kampfausrüstung umgebaut und diesbezüglich an Bord der USS Wainwright und der USS Belknap untersucht. Als Ergebnis dieser Tests wurde beschlossen, 20 HH-2D Seasprite auf SH-2D LAMPS-Auslegung umzurüsten: Sie erhielten ein Überwasser-Suchradar hoher Leistung in einer Bugverkleidung (Typ Canadian Marconi LN 66), Schlepp-MAD (Magnetic Anomaly Detector = Erfassungsgerät magnetischer Abweichungen), aktive oder passive Sonarbojen, Leucht- und Rauch-Markierzeichen, Torpedos und anderes Gerät. Der erste SH-2D hatte am 16. März 1971 Erstflug, und die Auslieferung an die Truppe begann im Dezember desselben Jahres. Zwei weitere HH-2D wurden seither Umbauten unterzogen; sie werden dazu verwendet, eine fortgeschrittene Mk III-Variante im LAMPS-Programm zu entwickeln – ihre Typenbezeichnung ist YSH-2E. Inzwischen waren bis Ende 1975 alle restlichen UH-2C und HH-2D auf den neuesten SH-2F-Standard gebracht worden, und man beabsichtigt, daß auch der SH-2D entsprechend modifiziert wird. Der SH-2F verfügt über einen neuen, vibrationsfreien Hochleistungs-Rotor, ein verbessertes LN 66HP-Radar, ein versetztes Heckrad und andere Änderungen. Die Zulassung wird wahrscheinlich für ein Abfluggewicht von 6033 kg erfolgen.

Kamow Ka-25 (NATO-Code Hormone) UdSSR

U-Boot-Kampf- und Mehrzweckhubschrauber. Im Einsatz.

Daten: basieren auf Ka-25K
Antrieb: zwei Wellenturbinen Gluschenkow GTD-3 von je 900 shp Leistung.
Rotordurchmesser: 15,74 m
Länge: 9,75 m
Abfluggewicht: 7300 kg
Höchstgeschwindigkeit: 220 km/h

Platzangebot: wahrscheinlich drei bis vier Mann Besatzung. In der Transportversion 12 Passagiere.
Bewaffnung: Interner Waffenschacht im Kabinenboden für die Aufnahme von Torpedos und Nuklear-Wasserbomben.

Der Kamow Ka-25 wurde erstmals als Prototyp auf einem sowjetischen Luftfahrttag in der Nähe von Moskau am 9. Juli 1961 gesehen. Dieser Prototyp, dem man den NATO-Code Harp gab, wies auf Auslegern zu beiden Seiten der Kabine zwei Luft-Boden-Lenkwaffen-Attrappen auf. Die Serienmaschinen, NATO-Code Hormone, scheinen nicht über eine solche Einrichtung zu verfügen. In der U-Boot-Kampfauslegung tut der Ka-25 auf den Hubschrauber-Trägerschiffen Moskwa und Leningrad Dienst, auf denen je 20 Hubschrauber stationiert sind. Ferner sind sie an Bord der Kreuzer der Kara- und Kresta-Klasse eingesetzt. Zu ihrer Ausrüstung zählen ein Suchradar unter dem Rumpfbug, ein Sonar, ein im Wasser geschleppter Detektor für magnetische Anomalien, ein elektro-optischer Sensor und aufblasbare Schwimmer an jedem Fahrwerkrad.

Kamow Ka-25K (NATO-Code Hormone) UdSSR

Fliegender Kran und Mehrzweckhubschrauber. In Serienproduktion und Einsatz.

Antrieb: zwei Wellenturbinen Gluschenkow GTD-3 von je 900 shp.
Rotordurchmesser: 15,74 m
Länge: 9,83 m
Leergewicht: 4400 kg
Max. Nutzlast: 2000 kg
Abfluggewicht: 7300 kg
Höchstgeschwindigkeit: 220 km/h
Reichweite: 650 km
Platzangebot: zwei Mann Besatzung und 12 Passagiere oder Fracht.

Der Ka-25K ist das zivile Gegenstück zum Ka-25 und wurde im Westen erstmals auf der Pariser Luftfahrschau im Jahre 1967 gezeigt. Er unterscheidet sich von der Militärausführung dadurch, daß er ein bißchen länger ist als diese und statt des Radoms eine Steuergondel unterhalb des Rumpfbuges aufweist. Obwohl der Ka-25K ein Mehrzweckhubschrauber ist, ist seine Haupteinsatzrolle doch die eines »fliegenden Kranes« – daraus erklärt sich auch die fest eingebaute Steuergondel, in der ein Besatzungsmitglied, das Gesicht dem Hubschrauberheck zugewandt, während des Auf- und Absetzens von Außenfracht sitzt und mit Steuerhebeln in der Gondel den Hubschrauber beim Schwebeflug steuert. Dies gestattet dem »Unterdeck«-Piloten, das Geschehen unter ihm zu beobachten und die notwendigen Schwebeflug-Korrekturmanöver auszuführen. Fracht kann auch im Kabinen-Inneren mitgeführt werden.

Kamow Ka-26 (NATO-Code Hoodlum) UdSSR

Militärischer und ziviler Mehrzweck-Leichthubschrauber. In Serienproduktion und Einsatz.

Antrieb: zwei Sternmotoren M-14V-26 von je 325 shp Leistung.
Rotordurchmesser: 13,00 m
Rumpflänge: 7,75 m
Leergewicht: 1950 kg
Abfluggewicht: 3250 kg

Höchstgeschwindigkeit: 170 km/h
Reichweite: 400 km mit sieben Passagieren und Treibstoffreserve
Platzangebot: ein oder zwei Mann Besatzung und sieben Passagiere etc. (siehe Beschreibung unten).

Foto oben:
Geophysikalische Vermessungsversion des Ka-26

Foto rechts:
Ka-26 in der Landwirtschafts-Ausführung mit Chemikalien-Streubehälter.

Der Kamow Ka-26, dessen Erstflug im Jahre 1965 erfolgte, findet mehr als Zivil- denn als Militärhubschrauber Verwendung. Zu seinen typischen Merkmalen zählen zwei gegenläufige Koaxial-Dreiblattrotoren, die auf kleinen Flügelstummeln montierten, in Triebwerkgondeln untergebrachten Motoren, Kunststoff-Heckträger mit Höhen- und Seitenleitwerksflächen (die Seitenleitwerksflossen und -ruder sind um 15° gegen die Längsachse geneigt) und eine abnehmbare Rumpfsektion hinter dem Cockpit. Wenn diese Hecksektion abgenommen wird, können Austausch-Kabineneinheiten für Passagiere oder Fracht, landwirtschaftliche Chemikalien und Sprühausrüstung eingehängt oder aber eine Plattform mit einer Tonne Fracht angebracht werden. Falls weder Kabinensektion oder Frachtplattform verwendet werden, kann der Ka-26 auch mit einem Frachthaken ausgerüstet werden.
Die Zivilausführungen des Ka-26 stehen in der UdSSR, in Bulgarien, in der DDR, in der Bundesrepublik, in Ungarn, Rumänien und Schweden im Einsatz. Sie werden in den verschiedensten Einsatzrollen verwendet, darunter Ambulanzflüge (mit zwei Krankentragen, zwei sitzenden Verletzten und einem Mann Betreuungspersonal), Brandbekämpfung (mit sechs Mann Besatzung und Feuerlöschgerät), Hubschrauber-Ausbildung, Pipeline-Bauarbeiten, geophysikalische Vermessung (mit einem elektromagnetischen Puls-Generator in der Kabine und einer großen, kreisförmigen Spezialantenne, die außen montiert ist), sonstige Überwachungsaufgaben aus der Luft, das Aufspüren von Fischschwärmen (in dieser Einsatzrolle operiert der Ka-26 von Bord eines kleinen Schiffes aus), Eisbrecher-Überwachung und Rettungsflüge. In der Militärversion steht der Ka-26 bei den Luftstreitkräften der UdSSR, Sri Lankas und Ungarns im Dienst.

Ka-26 mit Passagierkabine

Kawasaki KH-4

Japan

Mehrzweckhubschrauber. Im Einsatz.

Antrieb: ein Kolbenmotor Lycoming TVO-435-D1A von 270 shp Leistung.
Rotordurchmesser: 11,32 m
Rumpflänge: 9,93 m
Leergewicht: 857 kg
Abfluggewicht: 1292 kg
Höchstgeschwindigkeit: 169 km/h
Reichweite: 345 km
Platzangebot: ein Pilot und drei Passagiere, Krankentragen oder Fracht.

Die Firma Kawasaki hat den Hubschrauber Bell Model 47 seit dem Jahre 1953 in Lizenz gebaut und insgesamt ca. 240 Stück – zumeist in der Ausführung Model 47G-2 – gefertigt. Ferner leitete das Unternehmen aus dem Bell Model 47G-3B einen viersitzigen Hubschrauber ab, der als KH-4 bekannt ist. Neben der geänderten Kabinenauslegung verfügt der KH-4 über ein modifiziertes Steuerungssystem, ein verbessertes Instrumenten-Layout und mehr Treibstoffkapazität. Der Prototyp hatte im August 1962 Erstflug, und im Februar 1975 waren insgesamt 158 KH-4 für zivile Einsatzzwecke und weitere 53 Einheiten für militärische Aufgaben an die japanischen Streitkräfte verkauft. In letzterer Ausführung tun 19 Maschinen bei der japanischen Armee, fünf bei den koreanischen Streikräften, eine in den Philippinen und 28 in Thailand Dienst. Als Alternative zur viersitzigen Passagier-Grundkonfiguration liefert Kawasaki Baukästen aus, mit denen der KH-4 auf Landwirtschaftstätigkeit, das Mitführen von Krankentragen und den Transport von Außenfracht umgerüstet werden kann. Ferner können auf Kundenwunsch Zusatztanks, Schwimmer und eine Lautsprecher-Einheit geliefert werden.

MBB BO 105 — Bundesrepublik Deutschland

Mehrzweckhubschrauber. In Serienproduktion und Einsatz.

Antrieb: zwei Wellenturbinen Allison 250-C20 von je 400 shp Leistung.
Rotordurchmesser: 9,82 m
Länge: 8,55 m
Leergewicht: 1120 kg
Abfluggewicht: 2300 kg
Höchstgeschwindigkeit: 270 km/h
Reichweite: 656 km mit Standard-Treibstoff
Platzangebot: ein Pilot und vier Passagiere und/oder Fracht bzw. zwei Krankentragen.
Bewaffnung: Mitführmöglichkeit von sechs Panzerabwehr-Lenkwaffen Hot an Auslegern oder von anderen Waffenzuladungen (in der Militärversion).

Foto oben:
BO 105 mit Rettungswinde und aufblasbaren Schwimmern

Foto rechts:
BO 105, ausgerüstet mit sechs Hot-Lenkwaffenbehältern und stabilisiertem Visier.

Nach der Bodenerprobung eines gelenklosen Rotors liefen die Bauarbeiten an drei Prototypen des BO 105 im Jahre 1964 an. Der erste davon war noch mit zwei Wellenturbinen des Typs Allison 250-C18 von je 317 shp Leistung und einem konventionellen Rotor ausgerüstet, aber bereits der zweite und dritte Prototyp – der dritte erhielt als Antrieb zwei MAN-Turbo 6022-Turbinen, waren mit dem neuen, gelenklosen Rotor ausgestattet. Diese beiden Prototypen führten ihre Erstflüge am 16. Februar 1967 bzw. am 20. Dezember 1967 aus. Darauf folgte der Bau von zwei Vorserienmaschinen, von denen die zweite zu einem späteren Zeitpunkt mit leistungsstärkeren Allison 250-C20-Wellenturbinen ausgerüstet wurde, mit denen sie am 11. Januar 1971 erstmals flog.
Die Serien-Standardversion des Hubschraubers ist der BO 105C, der seit 1973 mit 250-C20-Turbinen und seit 1970 mit von MBB entwickelten neuen Rotorblättern zur Auslieferung gelangt. Anfang 1975 waren ca. 185 BO 105 sowohl in der Zivil- als auch in der Militärausführung fertiggestellt, davon vier Maschinen für den Export. Anfang 1977 waren 320 Maschinen ausgeliefert, und es war sehr wahrscheinlich, daß das deutsche Heer ca. 300 Maschinen in Auftrag geben werde. Eine modifizierte Version des Hubschraubers mit der Typenbezeichnung BO 105D wurde nach Großbritannien geliefert. Diese Ausführung kann unter IFR-Bedingungen – also auch bei Schlechtwetter und bei Nacht – Verbindungsflüge zu Ölbohrtürmen vor der Küste ausführen.
Die Philippine Aerospace Development Corporation fertigt zur Zeit unter MBB-Lizenz 33 BO 105C, von denen die erste Einheit im August 1974 fertiggestellt war. Die Firma Boeing Vertol, die den Verkauf des BO 105 auf den Markt gebracht, die als Executaire bekannt ist (siehe dort).

Mil Mi-4 (NATO-Code Hound) UdSSR

Militärischer Transport-, U-Boot-Kampf- und Mehrzweckhubschrauber. Ziviler Mehrzweck- und Landwirtschaftshubschrauber. Im Einsatz.

Daten: Mi-4P (ziviler Transporthubschrauber)
Antrieb: ein Kolbenmotor Schwetsow ASh-82V von 1700 shp Leistung.
Rotordurchmesser: 21,00 m
Rumpflänge: 16,80 m
Max. Abfluggewicht: 7800 kg
Höchstgeschwindigkeit: 210 km/h in 1500 m Höhe
Reichweite: 250 km mit 11 Passagieren und 100 kg Gepäck
Platzangebot: zwei Mann Besatzung und acht bis 11 Passagiere oder 1600 kg Fracht. Acht Krankentragen und ein Mann Betreuungspersonal können in der Ambulanzversion mitgeführt werden. Die Landwirtschaftsversion Mi-4S befördert bis zu 1600 Liter Chemikalien und zugehörige Ausrüstung.
Foto: U-Boot-Kampfversion des Mi-4

Der Mi-4, der seinen Erstflug im Jahre 1952 ausführte, wurde bereits im folgenden Jahr in Dienst gestellt. Viele Tausend Stück davon wurden sowohl in der Militär- als auch in der Zivilausführung gebaut – für den Einsatz in der UdSSR und für Exportzwecke. Der Mi-4 war der zweite in der Sowjetunion entwickelte Hubschrauber, der in Serienproduktion ging (nach dem Kleinhubschrauber Mi-1), und ähnelt stark dem US-Baumuster Sikorsky S-55, das vor ihm in Dienst gestellt wurde. Allerdings weist der Mi-4 doch starke Unter-

schiede zum S-55 auf, darunter die Heckladetür und eine Verkleidung unter dem Rumpfbug in der Militärversion, in der ein Navigator oder ein Beobachter Platz findet. In dieser Station ist ein Maschinengewehr montiert, wenn der Mi-4 auf Unterstützungseinsätzen der Armee zum Einsatz gelangt. Der Mi-4 kann auch Luft-Boden-Lenkwaffen mit sich führen. Die U-Boot-Kampfausführung ist mit einem Suchradar unter dem Bug ausgestattet, ferner mit Gerät zur Entdeckung magnetischer Unregelmäßigkeiten und Abwurfvorrichtungen für Markierungszeichen, Blitzlichter und Sonarbojen. Als militärisches Transporthubschraubermuster bietet der Mi-4 bis zu 14 Soldaten oder einer entsprechenden Frachtmenge Platz. Als Fracht kann ein Kommandofahrzeug vom Typ GAZ-69 oder eine 76 mm-Panzerabwehrkanone mitgeführt werden. Die Militärversion des Mi-4 ist heute bei den Streitkräften vieler Länder im Einsatz. Darunter sind Afghanistan, Albanien, Algerien, Bulgarien, Kambodscha, die Volksrepublik China, Kuba, die CSSR, Ägypten, Finnland, die DDR, Ungarn, Indien, Indonesien, Irak, Nordkorea, Mali, die Mongolische Volksrepublik, Polen, Rumänien, Somalia, Syrien, natürlich die UdSSR, Vietnam, Yemen und Jugoslawien.
Zivile Varianten des Mi-4 sind eine Standard-Frachtversion, die Passagier- oder Ambulanzausführung Mi-4P und die Landwirtschaftsversion Mi-4S.

Mil Mi-6 (NATO-Code Hook) UdSSR

Schwerer Transport- und militärischer Kampfzonen-Hubschrauber. In Serienproduktion und Einsatz.

Antrieb: zwei Wellenturbinen Solowiew D-25V (TV-2BM) von je 5500 shp Leistung.
Rotordurchmesser: 35,00 m
Rumpflänge: 33,18 m
Leergewicht: 27240 kg
Max. Abfluggewicht: 42500 kg
Höchstgeschwindigkeit: 300 km/h
Reichweite: 1050 km mit 4300 kg Nutzlast

Platzangebot: fünf Mann Besatzung und 65 Passagiere, 41 Krankentragen und zwei Mann Bedienungspersonal. 12000 kg Innen- und 9000 kg Außenfracht oder anderes Gerät, darunter einige Tonnen Wasser in Tanks zur Feuerbekämpfung. Bewaffnung: Einbaumöglichkeit für ein MG im Bug einiger Mi-6-Ausführungen.

Der Mi-6, der sowohl für den Zivil- als auch für den Militäreinsatz ausgelegt wurde, wurde zum ersten Mal 1957 auf einer Ausstellung gesehen. Er war damals der größte Hubschrauber der Welt, und wenn man annimmt, daß der riesige V-12 (Mi-12) in der Sowjetunion noch nicht voll in Dienst steht (siehe Seite), wohl auch heute noch der größte Einsatzhubschrauber der Welt. Der Mi-6 war auch der erste Hubschrauber mit Turbinenantrieb, der in der UdSSR in die Serienproduktion ging. Die ersten Mi-6, die aus der Montagehalle rollten, gingen als Kampfzonenhubschrauber an die sowjetischen Luftstreitkräfte. Man nimmt an, daß die Entwicklung des

Mi-6 mit fünf Prototypen durchgeführt wurde, auf die 30 Vorserienmaschinen und mehr als 500 Serienhubschrauber folgten. Die Exemplare, die bei den sowjetischen Luftstreitkräften Dienst tun, wurden oft in ihrer Einsatzrolle als taktische Kampfzonentransporte demonstriert: beim Truppentransport, bei der Beförderung von Nachschubgütern und kompletten Artillerie-Lenkwaffensystemen. Andere Baumuster sind bei der Fluggesellschaft Aeroflot für den Passagier- und Frachttransport in entlegene Gebiete im Betrieb und wurden ferner an die Luftstreitkräfte Bulgariens, Ägyptens, des Irak, Indonesiens und Vietnams geliefert.
Der Mi-6 ist mit Heckladetoren und Faltrampe für das Be- und Entladen von Fracht und Fahrzeugen sowie mit kleinen Schulterdekker-Flügelstummeln ausgerüstet, die den Rotor im Flug entlasten sollen. Diese Flügel werden normalerweise abgenommen, wenn der Hubschrauber als »fliegender Kran« in Betrieb ist. Eine speziell für solche Aufgaben gebaute Mi-6-Version ist der Mi-10 (siehe dort).

Mil Mi-8 (NATO-Code Hip) UdSSR

Mehrzweck-, Kampfzonen- und ziviler Transporthubschrauber. In Serienproduktion und Einsatz.

Antrieb: zwei Wellenturbinen Isotow TV2-117A von je 1500 shp Leistung.
Rotordurchmesser: 21,29 m
Rumpflänge: 18,31 m
Leergewicht (Passagierversion): 7261 kg
Max. Abfluggewicht: 12000 kg
Höchstgeschwindigkeit: 260 km/h
Reichweite: 480 km in der Frachtversion
Platzangebot: zwei oder drei Mann Besatzung und 28 bis 32 Passagiere. 12 Krankentragen und ein Mann Betreuungspersonal. 4000 kg Fracht in der Kabine oder 3000 kg Außenfracht in den Transportversionen.
Bewaffnung: Doppel-Aufhängevorrichtung für Außenlasten an beiden Kabinenseiten.

Foto: Zivilausführung des Mi-8 im Einsatz bei der Aeroflot.

Der Mil Mi-8, der als Nachfolgemuster für den Mi-4 (siehe dort) entwickelt wurde, kann in Notfällen Rotorblätter und Getriebe des M-4 verwenden. Mehr als 1000 Maschinen dieses Typs waren 1974 gebaut, und davon wurde etwas weniger als ein Drittel exportiert. Der Mi-8 ist sowohl in der Militär- als auch in der Zivilversion erhältlich und tut bei den Luftstreitkräften Afghanistans, Bangladeschs, Bulgariens, der CSSR, Ägyptens, Äthiopiens, Finnlands, der DDR, Ungarns, Indiens, des Irak, Pakistans, Perus, Polens, Rumäniens,

Sowjetische Soldaten beim Absetzen aus einem im Schwebeflug befindlichen Mil Mi-8-Hubschrauber

Somalias, des Südjemen, des Sudan, Syriens, der UdSSR und Jugoslawiens Dienst. Der erste Prototyp hatte auf der Ausstellung zum sowjetischen Luftfahrttag im Jahre 1961 sein öffentliches Debut und war damals noch von einem Solowiew-Einzeltriebwerk von 2700 shp Leistung, das auf einen Vierblattrotor wirkte, angetrieben. Alle folgenden Hubschrauber dieses Typs sind mit zwei Isotow-Triebwerken ausgerüstet, die nebeneinander über der Kabine montiert sind. Der erste zweimotorige Mi-8 hatte am 17. September

1962 Erstflug, und der urpsrünglich verwendete Vierblattrotor wurde 1964 durch einen Fünfblattrotor ersetzt.
Drei Zivilversionen des Mi-8 sind erhältlich: die Standardausführung des Mi-8 für bis zu 32 Passagiere; die Mehrzweck-Variante Mi-8T, die zumeist für die Frachtbeförderung zum Einsatz gelangt, obwohl darin auch bis 24 Passagiere mitgeführt werden können; und schließlich der Mi-8 Salon, eine Executive-Ausführung für 11 Passagiere. Die bei der Aeroflot in Dienst stehenden Mi-8 werden auch für Ambulanz-, Rettungs-, Nachschub-, Eispatrouille- und Aufklärungsflüge (letztere beide Aufgaben in der Antarktis) verwendet. Eine mit Schwimmern ausgerüstete Version des Mi-8 mit der Typenbezeichnung Mil V-14 soll in der Sowjetunion in Entwicklung stehen.

Mil Mi-10 (NATO-Code Harke) UdSSR

Schwerer fliegender Kran und Mehrzweckhubschrauber. Im Einsatz.

Antrieb: zwei Wellenturbinen Solowiew D-25V von je 5500 shp Leistung.
Rotordurchmesser: 35,00 m
Rumpflänge: 32,86 m
Leergewicht: 27300 kg
Abfluggewicht: 43700 kg
Höchstgeschwindigkeit: 200 km/h
Reichweite: 250 km mit einer Last von 12000 kg auf der Plattform
Platzangebot: drei Mann Besatzung und bis zu 28 Passagiere und/oder Fracht (Fracht kann im Kabineninneren, auf einer Außenplattform oder am Lasthaken transportiert werden).

Foto: Mi-10 ohne Außenlast

Der Mi-10, der aus dem Mi-6 weiterentwickelt wurde, hatte im Jahre 1960 Erstflug. Obwohl dieser Hubschrauber Fracht oder Passagiere in seiner Kabine mitführen und auch Mehrzweckaufgaben wie Rettungsflüge durchführen kann, besteht seine Hauptfunktion im fliegenden Kran-Betrieb. Im Vergleich mit dem Mi-6 hat der Mi-10 einen wesentlich niedrigeren Rumpf, keine Schulterdeckerflügel und hohe Fahrwerkbeine großer Spurweite (Bodenfreiheit 3,75 m, Spurweite 6,92 m bei den Hauptfahrwerksrädern). Diese interessante Fahrwerkkonstruktion gestattet es dem Mi-10, aus eigener Kraft über die zu befördernde Fracht zu rollen, ohne erst abheben zu müssen. Frachtstücke können ferner auf einer speziell

entwickelten, mit Rädern ausgerüsteten Plattform im voraus beladen werden, die dann unter dem Mi-10-Rumpf befestigt wird. Auf dieser Plattform kann ein Frachtgewicht von maximal 15000 kg befördert werden. Außerdem können Frachtstücke von Abmessungen bis maximal 20 m Länge, 10 m Breite und 3,10 m Höhe, ohne die Plattform zu benützen, an den gleichen hydraulischen Anschlüssen in weniger als zwei Minuten befestigt, angehoben und in Transportposition gebracht werden. Zum Unterschied von der Version Mi-10K (siehe dort) wurde die ursprünglich auch im Mi-10 vorhandene Beobachtungsgondel unter dem Bug durch ein Fernseh-Monitorsystem ersetzt: Kameras am Rumpfheck und in der Nähe der Frachthaken-Aufhängung bestreichen den Bereich unter dem Rumpf und machen ihn auf einem TV-Schirm im Cockpit sichtbar.
Der Mil Mi-10 tut heute bei den Streitkräften der Sowjetunion und bei der staatlichen Fluggesellschaft Aeroflot Dienst und wird auch für den Export angeboten.

Mil Mi-10K

UdSSR

Schwerer Kranhubschrauber. Im Einsatz.

Antrieb: zwei Wellenturbinen Solowiew D-25V von je 5500 shp Leistung.
Rotordurchmesser: 35,00 m
Rumpflänge: 32,86 m
Leergewicht: 24680 kg
Abfluggewicht mit Außenlast am Haken: 38000 kg
Höchstgeschwindigkeit mit Außenlast am Haken: 202 km/h
Überführungsreichweite: 795 km mit Zusatztreibstoff
Platzangebot: mindestens zwei Mann Besatzung und bis zu 28 Passagiere und/oder Fracht.

Foto: Mi-10K hebt ein sieben Tonnen wiegendes Bauteil an die Spitze eines 250 m hohen Kamins eines Kraftwerks.

Der Mi-10K, eine Weiterentwicklung aus dem Mi-10, wurde erstmals am 26. März 1966 in Moskau gesehen. Er unterscheidet sich von seinem Ausgangsmuster durch die geringere Höhe (7,80 m im Vergleich zu der Höhe des Mi-10 von 9,80 m), weil er kürzere Fahrwerkbeine besitzt. Ferner ist der Mi-10K mit einer Beobachtungs-

gondel unter dem Rumpfbug ausgerüstet, und in Zukunft sollen, wie verlautet, die gegenwärtig verwendeten Turbinen durch 6500 shp leistende Solowiew D-25VF-Turbinen ersetzt werden. Dadurch erwartet man eine Erhöhung des am Lasthaken mitgeführten Frachtgewichts von jetzt 11000 kg auf 14000 kg.
Die Unterbug-Gondel gestattet es - ähnlich wie beim kleineren Kamow Ka-25K – der Besatzung des Mi-10K, in einem zum Rumpfende hin gerichteten Sitz mit voller Flugsteuerung den Schwebeflug zu kontrollieren, während man die Frachtmanipulation direkt unter dem Rumpf beobachten kann. Vom Cockpit aus wäre die Fracht nicht sichtbar.
Im Mai 1965 stellte ein Mi-10K fünf offizielle Rekorde auf, zuerst einen Rekord in der Klasse E-1 für das Erreichen einer Höhe von 7151 m mit einer Nutzlast von 5000 kg. Alle anderen vier Rekorde wurden in einem einzigen Flug aufgestellt, während dessen (am 28. Mai 1965) der Hubschrauber eine Nutzlast von 25105 kg auf eine Flughöhe von 2840 m brachte. Allerdings sind diese Rekorde inzwischen wieder gebrochen worden.

Mil Mi-24 (NATO-Code Hind) UdSSR

Bewaffneter Kampfzonenhubschrauber. In Serienproduktion und Einsatz.

Daten: Hind-A
Antrieb: zwei Wellenturbinen von je ca. 1500 shp Leistung.
Rotordurchmesser: 17,00 m (geschätzter Wert)
Länge: 17,00 m (geschätzter Wert)
Höhe: 4,25 m (geschätzter Wert)
Platzangebot: zwei Mann Besatzung und ca. acht voll ausgerüstete Soldaten.

Bewaffnung: eine drehbar angeordnete 12,7 mm-Maschinenkanone im Rumpfbug. Aufhängevorrichtungen für vier Swatter-Panzerabwehr-Lenkwaffen an den Flügelspitzen und für vier Raketenbehälter unter dem Flügel mit je 32 57 mm-Raketen. Oder andere Waffenzuladungen.

Der Mi-24 – es ist bekannt, daß dieses Hubschraubermuster bereits seit dem Jahr 1972 existiert – befindet sich bei den sowjetischen Streitkräften im Einsatz. Darunter ist auch eine Einheit von Geschwaderstärke, die in der DDR stationiert ist. Ursprünglich war man der Ansicht, der Mi-24 stelle eine Weiterentwicklung aus dem Mi-8 dar, aber heute stuft man den Hubschrauber als Neukonstruktion ein. Der Mi-24 ist kleiner als der Mi-8, besitzt einen neuen Hauptrotor großer Rotorblatt-Tiefe und kleinere Triebwerke als der Mi-8, obwohl man annimmt, daß sie ungefähr die gleiche Leistung abgeben. Nur der Heckrotor scheint bei beiden Hubschraubern der

gleiche zu sein. Weitere bemerkenswerte Entwurfsmerkmale des Mi-24 sind die um 20° angestellten Tragflügel mit sich verjüngender Profildicke, ein gepfeilter Heckrotorträger, der auch als Heckflosse dient und um einige Grad nach links »verdreht« ist, eine große Kabine – groß genug, um acht Soldaten aufzunehmen – und ein voll einziehbares Rad-Fahrwerk.
Die erste Version des Mi-24 erhielt die NATO-Codebezeichnung Hind-B und wies noch Tragflächen ohne V-Stellung auf, an denen nur je zwei Waffenstationen angebracht waren. Offensichtlich wurden von dieser Version nur wenige Exemplare gebaut. Die Weiterentwicklung ist die wichtige Serienversion Hind-A mit Tragflügeln deutlich ausgeprägter negativer V-Stellung und drei Waffenstationen, von denen die äußerste zwei Schienen für den Verschuß von Luft-Boden-Lenkwaffen aufweist.

Mil V-12 (Mi-12, NATO-Code Homer) UdSSR

Mehrzweck-Schwerlasthubschrauber. In Serienproduktion und Einsatz.

Antrieb: vier Wellenturbinen Solowiew D-25VF von je 6500 shp Leistung.
Rotordurchmesser: je 35,00 m
Rumpflänge: 37,00 m
Abfluggewicht: 105000 kg
Höchstgeschwindigkeit: 260 km/h
Reichweite: 500 km mit 35400 kg Nutzlast
Platzangebot: sechs Mann Besatzung und 50 Passagiere bzw. Fracht.

Die Arbeiten an diesem gigantischen Transporthubschrauber liefen in der UdSSR im Jahre 1965 an. Er ist das Ergebnis einer Ausschreibung, in der ein Flugzeug mit Senkrechtstart- und -landefähigkeit gefordert wurde, das ähnliche Nutzlasten (darunter Lenkwaffen) transportieren sollte wie der Starrflügel-Großraumtransporter Antonow An-22 Anthäus. Im März 1969 wurde erstmals offiziell von der Existenz des Mi-12 gesprochen, als nämlich der Prototyp verschiedene Nutzlast-Höhen-Rekorde aufgestellt hatte. Noch im selben Jahr brach der Mi-12 die damals aufgestellten Rekorde, indem er eine Höhe von 2255 m mit einer mitgeführten Nutzlast von 40204,5 kg erreichte. Allerdings stürzte im gleichen Jahr dieser Prototyp infolge eines Triebwerkversagens ab. Die Serienfertigung ist wahrscheinlich im Jahre 1971 angelaufen – zu diesem Zeitpunkt befanden sich zwei weitere Prototypen in der Flugerprobung.

Der Mi-12 wird von vier Triebwerken angetrieben, die in Paaren nebeneinander auf den Flügelenden fester, in Schulterdeckeranordnung angebrachter Tragflächen mit sich nach innen verjüngender Profiltiefe sitzen. Über dem Triebwerkpaar ist jeweils ein Fünfblattrotor montiert. Jede dieser Triebwerk-Rotor-»Packungen« entspricht im wesentlichen der im Mil Mi-10 verwendeten Triebwerk-Rotor-Kombination. Der Frachtraum des Mil Mi-12 wird über eine Laderampe durch große Hecktore be- und entladen. An der Kabinendecke ist ein in Schienen laufender elektrisch betätigter Kran angebracht, der eine Tragfähigkeit von 10000 kg hat. Die Sitze, auf denen in der Truppentransporter-Einsatzrolle die Soldaten Platz finden, werden entlang der Kabinenwände nach oben geklappt, wenn sie nicht benötigt werden.
Man glaubt, daß die Serien-Mi-12 sowohl bei der Fluggesellschaft Aeroflot als auch bei den Streitkräften der Sowjetunion im Einsatz sind. Sie werden hauptsächlich für die Versorgung von Öl- und Erdgas-Suchvorhaben verwendet und für den Transport von Fracht, Fahrzeugen und geophysikalischem Vermessungsgerät in entlegene Teile der UdSSR. Normale Nutzlasten für den Mi-12 sind 25000 kg im Senkrechtstart- und -landebetrieb und 30000 kg bei Kurzstart- und -Landeeinsätzen.

Sikorsky S-55, H-19 Chickasaw und Westland Whirlwind — USA/Großbritannien

Ziviler und militärischer Mehrzweckhubschrauber. Im Einsatz.

Daten: H-19 Chickasaw (Ausführung mit R-1300-Motoren)
Antrieb: ein Kolbenmotor Wright R-1300-3 von 800 hp Leistung (in den Versionen UH-19B, UH-19D, CH-19E und UH-19F) oder ein Kolbenmotor Pratt & Whitney R-1340 von 600 hp Leistung (Version UH-19C).
Rotordurchmesser: 16,15 m
Rumpflänge: 12,88 m
Abfluggewicht: 3583 kg
Höchstgeschwindigkeit: 180 km/h
Reichweite: 580 km
Platzangebot: zwei Mann Besatzung und 10 Soldaten. Sechs Krankentragen oder Fracht.

Foto: ein von der Firma Aviation Specialties umgebauter S-55T.

Der Sikorsky H-19 ist das militärische Gegenstück zur Zivilausführung S-55. Die Firma Sikorsky hat insgesamt 1281 H-19 gebaut, von denen die meisten Exemplare an die US-Streitkräfte geliefert wurden. Dazu zählen der UH-19B der US Air Force, der UH-19C und UH-19D der US Army, der CH-19E des US Marine Corps und der UH-19F der US Navy. Aber auch die Streitkräfte vieler anderer Länder wurden mit Versionen des S-55 bzw. des H-19 für Mehrzweck-Transporte, Ambulanzflüge sowie Such-und Rettungsaufgaben beliefert. Darunter sind Argentinien, Brasilien, die Dominikanische Republik, Ghana, Griechenland, Guatemala, Honduras, Japan,

Südkorea, Spanien, Taiwan, Thailand, die Türkei und Venezuela. Weitere S-55 und H-19 wurden von Mitsubishi in Japan und von Westland in Großbritannien in Lizenz gebaut – letzteres Muster mit der Bezeichnung Westland Whirlwind. Der Whirlwind wurde von Westland in drei Varianten gefertigt (Series 1 bis 3). War die erste Baureihe noch eine volle Lizenzproduktion des S-55, so unterzog man den Whirlwind bereits bei der zweiten Baureihe beträchtlicher Weiterentwicklungs-Arbeiten. So wurde zur Leistungssteigerung ein Alvis Leonides Major-Motor von 750 hp eingebaut. Bei der Ausführung der Baureihe 3 wechselte man erneut zu einem neuen Triebwerkmuster, der Wellenturbine Rolls-Royce Bristol Gnome H.1000 von 1050 shp Leistung. Mehr als 400 Whirlwind Series 1 und 2 wurden für zivile und militärische Kunden gebaut, darunter große Stückzahlen für die Royal Air Force und die Royal Navy. Einige wenige Exemplare stehen heute noch bei der Royal Air Force als HAR Mk 10 für Such- und Rettungseinsätze im Dienst. Dabei handelt es sich um Series 3-Umbauten früherer Kolbenmotor-Baumuster. Whirlwind aller drei Baureihen wurden an die brasilianische Marine, an Kuba, Ghana, den Iran, Jordanien, Nigeria, Quatar und Jugoslawien exportiert. Im Jahre 1971 erwarb die US-Firma Aviation Specialties die Zulassung für eine turbinengetriebene Version des S-55 in der Transport-Kategorie. Diese Ausführung des Hubschraubers, der als S-55T bekannt ist, ist im wesentlichen ein S-55, bei dem die ursprünglich verwendeten Wright- und Pratt & Whitney-Kolbenmotoren durch eine 840 shp leistende Garrett-AiResearch-Wellenturbine des Typs TSE331-3U-303 (auf 650 shp gedrosselt) ersetzt wurden. Zu den weiteren Modifikationen, die diese S-55-Neuauflage aufweist, gehört die Verlegung zahlreicher mechanischer und elektronischer Bauteile vom Heckrotorträger in den vorderen Rumpfbereich, um die Wartbarkeit zu erleichtern. Das Abfluggewicht dieser Ausführung beträgt 3265 kg, und sowohl die Höchstgeschwindigkeit als auch die Reichweite wurden ganz erheblich verbessert. Im Februar 1975 waren 32 S-55 zu S-55T umgebaut und in Alaska, Kanada, Chile, USA und in Europa im Einsatz. Man rechnet damit, daß ca. 100 solcher Umbauten durchgeführt werden.

Whirlwind HAR Mk 10

Sikorsky S-58 und S-58T USA

Ziviler Transport- und militärischer Mehrzweckhubschrauber. U-Boot-Kampfhubschrauber. Im Einsatz.

Daten: S-58T Mk II
Antrieb: eine aus zwei Wellenturbinen bestehende Antriebseinheit Pratt & Whitney (Canada) PT6T-6 Twin Pac von 1875 shp Leistung.
Rotordurchmesser: 17,07 m
Rumpflänge: 14,40 m
Leergewicht: 3789 kg
Abfluggewicht: 5896 kg
Höchstgeschwindigkeit: 222 km/h
Reichweite: 447 km mit 1071 Liter Treibstoff
Platzangebot: zwei Mann Besatzung und 10 bis 16 Passagiere bzw. Fracht.

Foto: S-58T-Umbau

Zwischen 1954 und Januar 1970 wurden nicht weniger als 1821 Sikorsky S-58 gebaut, meistens für den militärischen Einsatz, in einigen Fällen aber auch für den Zivilbetrieb. Mitte 1952 hatte die US Navy der Firma Sikorsky einen Auftrag zur Lieferung eines U-Boot-Kampfhubschraubers erteilt. Dieser Prototyp (Bezeichnung XHSS-1) flog am 8. März 1954 erstmals, und zu den Folgemustern, die für die Navy gefertigt wurden, zählten der SH-34G Seabat, der verbesserte SH-34J mit automatischer Stabilisierungs-Ausrüstung, und der LH-34D, der für den Betrieb in kaltem Wetter geeignet war. Später wurden die Navy-Versionen als Mehrzweckhubschrauber eingesetzt und erhielten die Bezeichnungen UH-34G

und UH-34J. Das US Marine Corps verwendete den S-58 in den Ausführungen UH-34D Seahorse, UH-34E und VH-34D für normale, amphibische und VIP-Transporte. Sechs HH-34F wurden von der US Coast Guard geflogen und die US Army erhielt eine Anzahl CH-34A und CH-34C Choctaws, die heute noch Dienst tun. Der S-58 wurde auch an die Streitkräfte Argentiniens, Brasiliens, Kanadas, Chiles, der Bundesrepublik, Italiens, Israels, Japans, der Niederlande und Thailands geliefert. Insgesamt 166 Maschinen wurden bei Sud-Aviation in Frankreich für die französische Armee und Marine sowie (fünf Maschinen) für Belgien in Lizenz gefertigt. Die Firma Westland baute diesen Hubschraubertyp in Großbritannien unter der Bezeichnung Wessex (siehe dort) und exportierte ihn nach Australien, nach Ghana und in den Irak.
Die Zivilausführungen des S-58, die mit dem gleichen Kolbenmotor Wright R-1820-84 wie die von Sikorsky gebauten Militärversionen ausgerüstet waren (Leistung 1525 hp), wurden ebenfalls in den USA selbst, aber auch im Ausland betrieben. Am 19. August 1970 fand der Erstflug des Prototyps des Sikorsky S-58T statt, der mit dem Turbinentriebwerk PT6T-3 Twin-Pac einer Leistung von 1800 shp ausgestattet ist. Anfang 1975 waren 116 Umbauten oder Bausätze zur Modifizierung der existierenden S-58 zum Turbinenhubschrauber ausgeliefert. Der Bausatz mit dem neueren Twin-Pac-Modell-PT6T-6 ist seit 1974 lieferbar. Gegenwärtig ist auch ein mit dieser letzteren Twin-Pac-Version ausgerüsteter S-58T-Umbau der Bezeichnung Mk II erhältlich, bei dem auch noch zahlreiche andere Verbesserungen, insbesondere bei der Zelle, zur Anwendung gelangten.

Sikorsky S-61A und S-61B (H-3 Sea King) USA

U-Boot-Kampf-, Transport- und Mehrzweckhubschrauber. In Serienproduktion und Einsatz.

Daten: SH-3D Sea King
Antrieb: zwei Wellenturbinen General Electric T58-GE-10 von je 1400 shp Leistung.
Rotordurchmesser: 18,90 m
Rumpflänge: 19,69 m
Leergewicht: 5382 kg
Abfluggewicht: 8449 kg
Höchstgeschwindigkeit: 267 km/h
Reichweite: 1005 km
Platzangebot: vier Mann Besatzung
Bewaffnung: Zielsuchtorpedos, Wasserbomben etc. bis zu einem Gewicht von 381 kg.

Foto: Agusta-Sikorsky SH-3D der italienischen Marine mit AS.12-Lenkwaffen.

Am 23. September 1957 wurde der Firma Sikorsky von der US Navy der Auftrag erteilt, einen Amphibienhubschrauber zu bauen, der sowohl für die U-Boot-Suche als auch für die U-Boot-Bekämpfung eingesetzt werden sollte. Der Prototyp hatte am 11. März 1959 Erstflug, und die Auslieferung an die US Navy begann – unter der Typenbezeichnung HSS-2 – im September 1961. Der Name der ersten Serienmaschinen, die von zwei Wellenturbinen General Electric T58-GE-8B von je 1250 shp Leistung angetrieben wurden, wurde im folgenden Jahr in SH-3A Sea King umgeändert. Sikorsky fertigte insgesamt 255 SH-3A, und die japanische Firma Mitsubishi hatte bis 1975 59 in der Auslegung sehr ähnliche Lizenzmuster der Be-

SH-3H

zeichnungen HSS-2 und HSS-2A (S-61B und S-61B-1) für U-Boot-Kampfaufgaben bei der japanischen Marine gefertigt, und als diese Zeilen geschrieben wurden, bestanden Aussichten auf die Produktion von 48 weiteren Einheiten. Der Umbau einer Reihe von SH-3A der US Navy führte zu anderen Versionen, so zu der Minenräum-Ausführung RH-3A, von der neun Exemplare für den Einsatz von Land bzw. von zwei Schiffen aus im Jahre 1965 ausgeliefert wurden. Ferner entstanden durch diese Umbauaufträge die Such- und Rettungsversion HH-3A (mit T58-GE-8F-Triebwerken), von der 12 Stück produziert wurden, ferner die Mehrzweckversion SH-3G (105 Einheiten gebaut) und der SH-3H für U-Boot-Kampf und Lenkwaffen-Abwehraufgaben. 10 spezialausgerüstete S-61 mit der Bezeichnung VH-3A werden vom Executive Flight Detachment für den Transport von Führungskräften betrieben und bieten ferner für Notfälle die Möglichkeit, Spitzen-Regierungspolitiker aus Washington zu evakuieren. Fünf Maschinen davon werden von der US Army und fünf weitere vom US Marine Corps bereitgestellt. Zur Zeit werden aber 11 VH-3D ausgeliefert, um diese VH-3A abzulösen. Schließlich wurden 41 CH-124, die im wesentlichen dem SH-3A entsprechen, ab 1963 von den kanadischen Streitkräften beschafft. 36 davon wurden in Kanada endmontiert.
Die gegenwärtige Standard-U-Boot-Kampfversion des S-61, die bei der US Navy Dienst tut, ist der SH-3D, der erstmals 1965 entstand. Von diesem Baumuster, das als Antrieb zwei T58-GE-10

Wellenturbinen besitzt und über 530 Liter Zusatztreibstoff verfügt, wurden 72 Exemplare an die US Navy ausgeliefert. Ferner erhielten Spanien 22 SH-3D, Brasilien vier und Argentinien ebenfalls vier Maschinen, allerdings in der Ausführung S-61D-4. Seit dem Jahre 1967 hat Augusta in Italien den Sikorsky SH-3D für den Einsatz in Italien und im Iran in Lizenz gebaut. Bei Agusta entstand ferner eine mit S-61A-4 bezeichnete Ableitung aus dem SH-3D. Von zwei T58-GE-5-Turbinen angetrieben, kann diese Version 31 ausgerüstete Soldaten, 15 Krankentragen oder Fracht aufnehmen.
Westland Helicopters aus Großbritannien hat ebenfalls SH-3D-Varianten für die Royal Navy und für den Export gefertigt (siehe unter Westland). Neun S-61A-Amphibien-Transporthubschrauber (ähnlich dem SH-3A) wurden von den dänischen Luftstreitkräften für Rettungsflüge über See großer Reichweite beschafft, und die Royal Malaysian Air Force erhielt 16 S-61A-4 Nuri-Hubschrauber für Truppen- und Frachttransport-Aufgaben. Ein Transporthubschrauber S-61A wurde von der Firma Construction Helicopters gekauft, und sechs CH-3B (S-61A) werden von der US Air Force für Unterstützungsflüge von Lenkwaffen-Basen und für das Bergen ferngelenkter Flugkörper eingesetzt.

Sikorsky S-61L und S-61N USA

Zivilhubschrauber mit Allwetter-Eignung. Im Einsatz.

Daten: Mk II-Ausführungen
Antrieb: zwei Wellenturbinen General Electric CT58-110 von je 1350 shp im Ausgangsmuster; in den Mk II-Ausführungen, auf die sich die Datenangaben beziehen, zwei Wellenturbinen General Electric CT 58-140-2 von je 1500 shp Leistung.
Rotordurchmesser: 18,90 m
Länge (S-61N): 22,20 m mit Haupt- und Heckrotor
Leergewicht (S-61L): 5309 kg
Leergewicht (S-61N): 5674 kg
Abfluggewicht: (FAA): 8620 kg
Abfluggewicht (CAA): 9300 kg
Höchstgeschwindigkeit: 235 km/h
Reichweite (S-61N): 797 km mit Treibstoffreserven
Platzangebot: drei Mann Besat-

Foto oben:
S-61L Mk II der New York Airways

Foto links:
S-61 N Mk II

zung und bis zu 30 Passagiere im S-61L. Im S-61N 26 bis 28 Passagiere. Von der Ausführung Payloader (siehe Text) können über 4990 kg Last befördert werden.

Diese zivilen Weiterentwicklungen aus dem Sikorsky Sea King stehen bei Hubschrauber-Unternehmen in den USA und im Ausland in Dienst. Dabei ist der S-61L nur für den Land-Betrieb geeignet und unterscheidet sich von seinen militärischen Gegenstücken durch ein modifiziertes Radfahrwerk, durch eine Höhenflosse und einen anderen Rotorkopf sowie – wie auch der S-61N – durch einen verlängerten Rumpf. Der Erstflug des S-61L fand am 6. Dezember 1960 statt, und dieser Hubschrauber wurde von verschiedenen Operatoren, darunter Los Angeles Airways und New York Airways, gekauft. Der S-61N, der am 7. August 1962 erstmals flog, ist die amphibische Ausführung mit beibehaltenen Stützschwimmern. Der S-61N ist von vielen Hubschrauber-Betreibern beschafft worden, so von den All Nippon Airways, von Ansett-ANA, British Airways Helicopters, Bristow Helicopters, dem kanadischen Transportministerium, Elivie, Greenlandair, JAL, KLM, Nitto Airways und von San Francisco and Oakland Helicopter Airlines.
Ursprünglich gehörten die CT58-1100-Triebwerke zur Standardausrüstung beider Hubschrauber-Modelle, wurden aber inzwischen in den Mk II-Ausführungen, die auch größere Sitzplatz-Kapazität, bessere Vibrationsdämpfung und andere Verbesserungen aufweisen, durch CT58-140-2-Turbinen ersetzt. Mitte Januar 1976 waren insgesamt 88 Einheiten der Baumuster S-61L und N ausgeliefert.
Eine dritte Ausführung mit der Bezeichnung Payloader ist im wesentlichen eine entfeinerte Version des S-61N mit einem festen Hauptfahrwerk anstelle der Schwimmer und anderen Änderungen. Er hat ein ungefähres Leergewicht von 4762 kg und wurde speziell für den Einsatz bei Bauarbeiten und für andere Schwerlast-Aufgaben entwickelt.

Sikorsky S-61R (H-3, Jolly Green Giant/Pelican) USA

Truppentransport-, Gefechtsfeld- und Rettungshubschrauber. Im Einsatz.

Daten: CH-53E
Antrieb: zwei Wellenturbinen General Electric T58-GE-5 von je 1500 shp Leistung.
Rotordurchmesser: 18,90 m
Rumpflänge: 17,45 m
Leergewicht: 6010 kg
Abfluggewicht: 10000 kg
Höchstgeschwindigkeit: 261 km/h
Reichweite: 748 km
Platzangebot: zwei oder drei Mann Besatzung und 30 Soldaten. 15 Krankentragen oder 2270 kg Fracht.

Foto oben:
HH-3E
Jolly Green Giant

Foto links:
HH-3F Pelican

Der S-61R-Prototyp hatte am 17. Juni 1963 Erstflug. Er war als Mehrzweckhubschrauber für die US Air Force entwickelt worden. Aus dem SH-3A abgeleitet, wies er viele Modifikationen auf, darunter eine hydraulische betätigte Heckladerampe, neue Stützschwimmer, eine eingebaute Hilfsturbine und weitere Verbesserungen. Die erste Serienversion war der CH-3C, der einige Wochen nach dem S-61R-Prototyp erstmals flog und von zwei Wellenturbinen General Electric T58-GE-1 von je 1300 shp Leistung angetrieben war. Dem Erstauftrag von seiten der US Air Force vom 8. Februar 1963 folgten Bestellungen auf weitere 19 Maschinen im folgenden Juli, nachdem dieser Hubschraubertyp für die Ausführung von Langstrecken-Hubschrauber-Unterstützungsflügen ausgewählt worden war. Die Auslieferung des CH-3C begann am 30. Dezember 1963. Im Februar 1966 stellte man die Serienproduktion auf die Version CH-3E um, die von zwei 1500 shp-Wellenturbinen angetrieben war und für die man ein in Behältern untergebrachtes Waffensystem entwickelt hatte. 42 Einheiten dieser neuen Ausführung CH-3E wurden gebaut, und später wurden auch alle bisher gefertigten CH-3C nach und nach auf diesen Standard gebracht. Noch später wurden 50 CH-3E in HH-3E umgebaut – für den US Air Force Aerospace Rescue and Recovery Service. Sie sind mit Defensiv-Bewaffnung, Panzerung, beschußsicheren Abwurf-Treibstoffbehältern und einer Rettungswinde ausgerüstet. Diese Ausführungen sind als »Jolly Green Giants« (fröhliche grüne Riesen) weltbekannt geworden. Zwei Maschinen führten vom 31. Mai bis 1. Juni 1967 den ersten Nonstop-Transatlantikflug für Hubschrauber aus. Im Jahre 1968 begann die Auslieferung von 40 HH-3F Pelican für die US Coast Guard, die für erweiterte Such- und Rettungsaufgaben Verwendung fanden. Obwohl sie im wesentlichen dem HH-3E entsprechen, sind sie zum Unterschied von diesem unbewaffnet und weisen keine beschußsicheren Tanks auf, verfügen aber über fortgeschrittene Avionikausrüstung, die speziell für ihre Einsatzaufgabe entwickelt wurde. Die Firma Agusta in Italien startete ein Lizenzbauprogramm des HH-3F im Jahre 1974 mit einem ersten Serienlos von 20 Einheiten, die für den Einsatz bei der italienischen Marine und bei Auslandskunden vorgesehen sind.

Sikorsky S-62 und HH-52A USA

Ziviler Transporthubschrauber (S-62) und Such- und Rettungshubschrauber (HH-52A). Im Einsatz.

Daten: HH-52A
Antrieb: eine Wellenturbine General Electric T58-GE-8 (in der Zivilausführung CT58-110-1) von 1250 shp (gedrosselt auf 730 shp).
Rotordurchmesser: 16,16 m
Rumpflänge: 13,58 m
Abfluggewicht: 3674 kg
Höchstgeschwindigkeit: 175 km/h
Reichweite: 763 km
Platzangebot: zwei oder drei Mann Besatzung und bis zu 12 Passagiere bzw. Fracht.

Der Prototyp S-62A hatte am 14. Mai 1958 Erstflug, und dieser Hubschraubertyp wurde später sowohl in der Zivil- als auch in der Militärausführung gebaut. Der S-62 war Sikorskys erster Amphibienhubschrauber: Er wies die dynamischen Komponenten und wichtigsten Systeme des bereits früher entstandenen S-55 auf, obwohl die allgemeine Auslegung sich von früheren Typen drastisch unterschied. Das Turbinentriebwerk konnte wegen seiner geringen Größe und des niedrigen Gewichts über dem Rumpf zum Einbau gelangen, was es den S-62-Konstrukteuren ermöglichte, eine größere Kabine vorzusehen. Der S-62B entspricht im wesentlichen dem S-62A, ist aber mit dem Hauptrotor des S-58 ausgerüstet, der auf die Größe des S-55-Rotors verkleinert wurde. Beim S-62C handelt es sich um die letzte Zivilausführung; sie ähnelt dem HH-52A, der bei der US Coast Guard Dienst tut. Das letztere Baumuster findet bei der Coast Guard für Such- und Rettungsflüge Verwendung und wurde auch für die Bergung einiger Apollo-Astronauten nach ihrer Wasserung eingesetzt. Alles in allem sind ca. 50 S-62 für den Zivilbetrieb gebaut worden. Die Coast Guard ist im Besitz von 99 HH-52A, und weitere S-62 wurden an die Luftstreitkräfte Indiens (zwei Maschinen), Japans (acht) und der Philippinen (zwei) geliefert. Auch bei der Polizei Thailands stehen zwei S-62 in Dienst.

Sikorsky S-64 Skycrane (CH-54 Tarhe) USA

Schwerlasthubschrauber. In Serienproduktion und Einsatz.

Daten: CH-54A
Antrieb: zwei Wellenturbinen Pratt & Whitney T73-P-1 von je 4500 shp Leistung
Rotordurchmesser: 21,95 m
Rumpflänge: 21,41 m
Leergewicht: 8724 kg
Max. Abfluggewicht: 19050 kg
Höchstgeschwindigkeit: 203 km/h
Reichweite: 370 km
Platzangebot: normalerweise drei Mann Besatzung. Fracht und Soldaten können in auswechselbaren militärischen Standard-Containern mitgeführt werden.

Der Sikorsky Skycrane besteht im wesentlichen aus einer Kabine im Rumpfbug und aus einem trägerartigen Rumpf, auf dem die Triebwerke, das hohe Hauptfahrwerk großer Spurweite und das Heckrotorsystem angebracht sind. Dieses Baumuster ist eine sehr erfolgreiche Konstruktion, die dafür ausgelegt wurde, austauschbare Großcontainer oder Hakenlasten zu transportieren. Die Großbehälter, die direkt unter der flach ausgeführten Rumpfunterseite des Skycrane befestigt werden, können jederzeit 45 ausgerüstete Soldaten, 24 Krankentragen, eine medizinische Operationsstation, eine Gefechtsfeld-Kommandostelle oder eine Fernmeldestation aufnehmen. Das Gesamtgewicht eines solchen Behälters liegt bei 9072 kg.
Am 9. Mai 1962 führte der erste von insgesamt drei gebauten Proto-

typen, der die Bezeichnung S-64A führte, seinen Erstflug aus. Die beiden anderen Prototypen – sie wiesen eine ähnliche Typenbezeichnung auf – wurden für Bewertungszwecke an die deutschen Streitkräfte in der Bundesrepublik überstellt. Im Juni 1963 orderte die US Army unter der Typenbezeichnung YCH-54A sechs Skycrane. Nach ihrer Umbenennung in CH-54A wurden fünf davon dazu verwendet, das Schwerlast-Hubschrauberkonzept als einen Beitrag zur Erhöhung der Gefechtsfeld-Mobilität zu untersuchen. Diese Maschinen wurden von Juni 1968 an an die 478th Aviation Company ausgeliefert. Nach ihrem großen Erfolg in Vietnam bestellte diese Einheit ca. 60 Serienausführungen des CH-54A. In Vietnam hatten die CH-54A neben dem Transport von Truppen, gepanzerten Fahrzeugen, Kampfausrüstung und anderen schweren Maschinenteilen mehr als 380 beschädigte Flugzeuge geborgen. Im Jahre 1969 erhielt die US Army zwei verbesserte Skycrane unter der Bezeichnung CH-54B, und darauf folgte die Auslieferung von acht weiteren Einheiten in den Jahren 1970 und 1971. Diese waren von zwei Wellenturbinen Pratt & Whitney T73-P-700 von je 4800 shp Leistung angetrieben und mit speziellen Hochauftriebs-Rotoren ausgerüstet. Das Gesamtgewicht des CH-54B wurde auf 21318 kg angehoben. Von diesem Hubschraubertyp werden neun internationale Hubschrauberrekorde der Klasse E-1 gehalten – darunter einer, der am 12. April 1972 aufgestellt wurde und während dessen eine Nutzlast von 15000 kg auf eine Höhe von 3307 m gehoben wurde.
Obwohl die Großzahl der 96 bis Mitte 1974 gefertigte Skycrane für die US Army bestimmt war, wurden weitere Maschinen auch für zivile Zwecke beschafft. Am 18. April 1969 erhielt die Firma Rowan Drilling Company zwei Skycrane zur Unterstützung ihrer Ölsuche-Aktivitäten in Alaska. Das Unternehmen Erickson Air-Crane Company kaufte den ersten verbesserten zivilen Skycrane-Typ Anfang 1972 und bestellte in den Jahren 1972 und 1973 drei weitere Maschinen (Ausführung S-64E). Diese können Außenlasten bis maximal 9072 kg Gewicht transportieren. Andere Skycrane stehen im Einsatz bei den Firmen Evergreen Helicopters und Tri-Eagle. Zivile Ausführungen tun ferner Dienst in der Holz-, Schiff-, und allgemeinen Bauindustrie. Schließlich wurde auch noch eine verbesserte Zivilversion der verbesserten militärischen Variante CH-54B Skycrane entwickelt, die bisher noch nicht in Serie gegangen ist. Sowohl bei der Zivil- als auch bei der Militärversion des Skycrane

sitzt das dritte Besatzungsmitglied mit dem Rücken zur Flugrichtung im hinteren Kabinenteil. Er bedient von seinem Sitz aus eine Doppelsteuerung, mit der er den Hubschrauber beim Lade- und Entladevorgang selbständig steuern kann.

Sikorsky S-65A (H-53 Sea Stallion) und S-65 (MCM) — USA

Schwerer Gefechtsfeld-Transporthubschrauber und Minensuch-Hubschrauber. In Serienproduktion und Einsatz.

Daten: CH-53D
Antrieb: zwei Wellenturbinen General Electric T64-GE-413 von je 3925 shp Leistung.
Rotordurchmesser: 22,02 m
Rumpflänge: 20,47 m
Leergewicht: 10653 kg
Max. Abfluggewicht: 19050 kg
Höchstgeschwindigkeit: 315 km/h
Reichweite: 413 km
Platzangebot: drei Mann Besatzung und bis zu 55 Soldaten. 24 Krankentragen oder entsprechend Innen- oder Außenfracht.

Foto oben: HH-53C

Unter Verwendung der Erfahrungen, die man mit dem S-64 Skycrane erworben hatte, ging man bei Sikorsky an den Entwurf S-65 heran, um einer Forderung des US Marine Corps nach einem schweren Gefechtsfeld-Transporthubschrauber nachzukommen. Der Prototyp hatte am 14. Oktober 1964 Erstflug, seine Typenbezeichnung lautete CH-53A. Die Auslieferung des Serienmusters CH-53A Sea Stallion, das mit zwei General Electric T64-GE-6-Wellenturbinen von je 2850 shp Leistung ausgerüstet war, lief im Jahre 1966 an. Anfang nächsten Jahres war das Baumuster in Vietnam einsatzreif. Die Hauptaufgabe des CH-53A ist der Transport von Fracht, z.B. von zwei Jeeps, eines 1½-Tonnen Lastkraftwagens mit Anhänger, zweier Hawk-Lenkwaffen mit Ausrüstung oder einer 105 mm-Haubitze. Die Heckladetüren unter dem Heckträger

gestatten guten Zugang zur Frachtkabine, wobei das Be- und Entladen durch ein hydraulisch betätigtes Fracht-Handhabungssystem und in den Boden eingelassene Rollensystem erleichtert wird. Der Rumpf selbst ist wasserdicht ausgeführt, um Notwasserungen zu ermöglichen. Im April 1968 führte ein CH-53A den ersten automatischen Terrainfolgeflug durch, der je von einem Hubschrauber erreicht wurde, und beendete später die Erprobung eines integrierten Hubschrauber-Avioniksystems. Im selben Jahr wurde der Sea Stallion einem Untersuchungsprogramm unterzogen, in dessen Verlauf er Loopings und Rollen durchführte. Im Juni 1967 wurden die ersten von acht bewaffneten HH-53B an den Aerospace Rescue and Recovery Service der US Air Force ausgeliefert. Von zwei Wellenturbinen T64-GE-3 von je 3080 shp Leistung angetrieben, waren sie ferner erstmals mit abwerfbaren Treibstofftanks, einer einziehbaren Nachtanksonde und einer Rettungswinde ausgerüstet. Ende August 1968 erhielt die US Air Force das erste Exemplar des stark verbesserten HH-53C, der mit T64-GE-7-Triebwerken ausgerüstet war. Diese Maschinen, die in großer Zahl an die USAF gingen, sind mit einem Frachthaken bestückt, der eine Tragfähigkeit von 9070 kg aufweist. Insgesamt wurden von Sikorsky 72 HH-53B und C gebaut.
Zwischen März 1969 und Januar 1972 nahm das US Marine Corps eine verbesserte Version des CH-53A in Empfang, die die Typenbezeichnung CH-53D hatte. Als die CH-53D-Serienproduktion zu

CH-53G

Ende ging, waren insgesamt 265 Sea Stallion an das Marine Corps ausgeliefert. Die deutschen Heeresflieger beschafften 113 ähnlich ausgerüstete CH-53G, die von T64-GE-7-Turbinen angetrieben wurden; diese Maschinen wurden von VFW-Fokker als Hauptauftragnehmer in der Bundesrepublik montiert und teilgefertigt. Der Iran bestellte sechs S-65A für seine Marine, Israel kaufte acht CH-53, und die österreichischen Luftstreitkräfte haben zwei S-65-Hubschrauber im Einsatz, die 1970 zur Auslieferung gelangten und – für 38 Passagiere geeignet – für Rettungsflüge in den Alpen Verwendung finden. Im September 1973 gingen erste Lieferungen von 30 RH-53D an die US Navy. Diese Maschinen sind Spezial-Ausführungen für Minenräum-Aufgaben und traten die Nachfolge von 15 CH-53A an, die die Navy für ähnliche Zwecke unter der Bezeichnung RH-53A geborgt hatte. In den ersten gebauten Exemplaren gelangten zwei Wellenturbinen General Electric T64-GE-413A von je 3780 shp zum Einbau, später wurden sie mit entsprechenden Rüstsätzen auf T64-GE-415-Wellenturbinen von je 4380 shp umgerüstet. Der RH-53 ist in der Lage, mit Spezialgeräten mechanische, akustische und magnetische Minen zu räumen, und kann mit zwei 0,50 inch-MGs bestückt werden, mit denen Minen auf der Wasseroberfläche zur Detonation gebracht werden können. Das maximale Abfluggewicht dieser Ausführung liegt bei 22680 kg, die Flugdauer beträgt mehr als vier Stunden. Sechs Exemplare wurden an den Iran geliefert (siehe auch unter Sikorsky YCH-53E).
Unter der Bezeichnung S-65C schlägt Sikorsky einen Intercity-Hubschrauber für zivile Einsätze vor, der auf dem CH-53 basiert. Hauptunterschiede sind eine längere Bugsektion und größere Schwimmer. Dieses Baumuster würde ca. 44 Passagieren Platz bieten, könnte aber auch 30 Passagiere oder Fracht für die Versorgung von Ölplattformen vor der Küste aufnehmen. Ein CH-53 wird als Teil eines diesbezüglichen Entwicklungsprogramms getestet.

RH-53D beim Schleppen magnetischer Minenräum-Ausrüstung.

Sikorsky S-72 USA

Mehrzweckhubschrauber hoher Geschwindigkeit.

Antrieb: zwei Wellenturbinen General Electric T58-GE-5 von je 1500 shp Leistung. Zwei Zusatz-Turbofan-Triebwerke General Electric TF34-GE-2 von je 4205 kp Schub auf Wunsch.
Rotordurchmesser: 18,90 m
Flügelspannweite: 13,74 m
Leergewicht (Hubschrauber): 6572 kg
Abfluggewicht (Hubschrauber): 8346 kg
Abfluggewicht (Verbund-Ausführung): 11884 kg
Höchstgeschwindigkeit: 555 km/h
Platzangebot: drei Mann Besatzung

Foto oben: Zeichnerische Darstellung des fertiggestellten S-72.

Foto links: S-72-Prototyp vor der Montage der Tragflächen und der Turbofantriebwerke.

Offiziell als Rotor Systems Research Aircraft bekannt (RSRA), wurden vom S-72 zwei Prototypen bei Sikorsky gebaut – für die Verwendung durch die NASA und durch die US Army mit dem Ziel, eine Reihe von Rotoren und integrierten Antriebssystemen zu entwikkeln und zu untersuchen. Der S-72 ist in der Lage, auf drei verschiedene Arten zu fliegen – als Hubschrauber, als Verbundhubschrauber mit zusätzlichen Triebwerken und als Starrflügelflugzeug. Die beiden letzteren Auslegungen wurden geschaffen, indem man an dem Basis-Hubschrauber abnehmbare Flügel und zusätzliche Turbofan-Triebwerke anbrachte, die auf den beiden Seiten des Rumpfes montiert sind. Zur gleichen Zeit wie die beiden Flugzeuge selbst wurden auch ein Tragflügelsatz und ein Paar Triebwerkgondeln geordert. Diese haben eine doppelte Aufgabe: Sie ermöglichen es dem Hubschrauber einerseits, ihn in der Luft zu halten, und gestatten andererseits die Durchführung »flugzeugartiger« Starts und Landungen. Schließlich stellen sie der Besatzung ein flugfähiges Flugzeug zur Verfügung, wenn der Rotor im Lauf der Erprobung ausfallen sollte. Um die Sicherheit weiter zu erhöhen, kann ein mechanisches Flugsteuerungssystem die Fly-by-wire-Steuerung ersetzen.
Der Auftrag, die beiden S-72 und die Zusatz-Tragflächen zu fertigen sowie die beiden nach Art der Lockheed S-3A Viking in Gondeln untergebrachten Triebwerke bereitzustellen, wurde an Sikorsky im Januar 1974 vergeben. Der Erstflug des ersten S-72 sollte, als diese Zeilen verfaßt wurden, im August 1976 stattgefunden haben. Die Firma Sikorsky wird ca. 80 Flugerprobungsstunden ansammeln, bevor die Maschine an die NASA und an die US Army zur Auslieferung gelangt.

Sikorsky S-76 USA

Mehrzweckhubschrauber. In Entwicklung.

Antrieb: zwei Wellenturbinen Allison 250-C30 von je 650 shp Leistung.
Rotordurchmesser: 13,41 m
Rumpflänge: 13,44 m
Leergewicht: 2241 kg
Abfluggewicht: 4399 kg
Max. Reisegeschwindigkeit: 286 km/h bei 3810 kg Gewicht
Reichweite: 742 km mit voller Passagierzuladung
Platzangebot: zwei Mann Besatzung und bis zu 12 Passagiere. Gepäckraum von 1,19 m³ Rauminhalt. Bis 2268 kg außen mitgeführte Fracht. Gerät für verschiedene Einsatzrollen, wie z.B. Rettungs- und Ambulanzflüge.

Foto: Attrappe des S-76

Die Firma Sikorsky hat sich seit vielen Jahren auf die Entwicklung größerer Hubschraubermuster konzentriert, die hauptsächlich für militärische Aufgaben ausgelegt waren, und hat das Feld den kleineren zivilen Hubschrauber-Firmen wie Bell Helicopter Textron und anderen Unternehmen in den USA überlassen. Um den Marktanteil hier zu verbessern, hat man sich bei Sikorsky Aircraft dazu entschlossen, einen Transporthubschrauber mittlerer Kapazität zu produzieren, der speziell auf den Zivilbetrieb zugeschnitten sein sollte. Das Unternehmen erwartet jedoch, nachdem der S-76 im Hinblick auf die höchsten Standards der Forderungen für die zivile und militärische Anwendung ausgelegt wurde, daß der Entwurf ohne Modifikationen der Haupt-Bauteile wie Rotorsystem, Getriebe oder Zelle auch militärische Aufgaben wird erfüllen können. Ebenso wie das Projekt S-78 (siehe dort) wird der S-76 eine Reihe von Entwurfsmerkmalen aufweisen, die für den im Rahmen des militärischen UTTAS-Wettbewerbs geschaffenen Hubschrauber S-70 (YUH-60A, siehe dort) entwickelt wurden. (UTTAS = Utility Tactical Transport Aircraft System = taktisches Mehrzweck-Transportflugzeug-System). Dazu zählen ein maßstäblich verkleinerter UTTAS-Vierblatt-Hauptrotor mit gepfeilten Rotorblattspitzen. Die ersten Aufträge auf den S-76 sind bereits bei Sikorsky eingegangen - von seiten der Firmen Okanagan Helicopters und Island Helicopters Inc. –, obwohl der Erstflug des Hubschraubers damals noch gar nicht erfolgt war: Er fand am 13. März 1977 statt. Die Erstauslieferung des voll IFR-zugelassenen Hubschraubers soll im Jahre 1978 erfolgen.

Sikorsky S-78 USA

Zivilhubschrauber für 20 bis 29 Passagiere. In Entwicklung.

Daten: S-78-20
Antrieb: zwei Wellenturbinen General Electric T700 von je 1420 shp Leistung.
Rotordurchmesser: 16,15 m
Rumpflänge: 15,53 m
Leergewicht: 4139 kg
Abfluggewicht: 7947 kg
Höchstgeschwindigkeit: 311 km/h
Reichweite: 740 km
Platzangebot: zwei Mann Besatzung. Bestuhlung für 20 Passagiere (maximal 29 Fluggäste). Oder 5443 kg Außenlast.

Foto: Zeichnerische Darstellung des S-78-20 (Vordergrund) und des S-78-29.

Als weitere Anstrengung, einen größeren Marktanteil im Bereich des Zivilhubschraubers zu erzielen, hat die Firma Sikorsky neben dem S-76 (siehe dort) auch zwei zivile Varianten des Militärhubschraubers S-70 (YUH-60A), der für die US Army entwickelt wird, projektiert. Viele der fortgeschrittenen Entwurfsmerkmale des S-70 werden in die zivile Version eingehen, darunter der Vierblatt-Hauptrotor mit gepfeilten Rotorblattspitzen, die Elastomer-Rotorachsenlager, die keine Schmierung erfordern, und wartungsfreie Zwischen- und Heckrotor-Getriebekästen.
Zur Zeit existieren zwei Varianten des S-78 – ein 20sitziges Modell wie im Datenblatt beschrieben und eine 29sitzige Version, die verschiedene Verbesserungen gegenüber dem kleineren Hubschrau-

ber beinhalten wird. So wird sie zum Beispiel 15 cm mehr Kabinenhöhe und eine um 1,6 m längere Passagierkabine aufweisen (das ergibt eine 1,5 m hohe und 6,55 m lange Kabine). Die Höchstgeschwindigkeit des größeren S-78-29 wird wahrscheinlich der des S-78-20 entsprechen, obwohl sein maximales Abfluggewicht mit 9070 kg beträchtlich höher liegen wird. Dies wird z.T. durch ein Einziehfahrwerk erreicht.

Der Bell YAH-63 unterlag in der US Army-Ausschreibung um einen fortgeschrittenen Kampfhubschrauber (AAH) dem Hughes YAH-64.

Agusta-Bell
AB 212ASW der
italienischen Marine,
bewaffnet mit
AS 12-Lenkwaffen.

U-Boot-Kampfhubschrauber Kaman SH-2F Seasprite der US Navy.

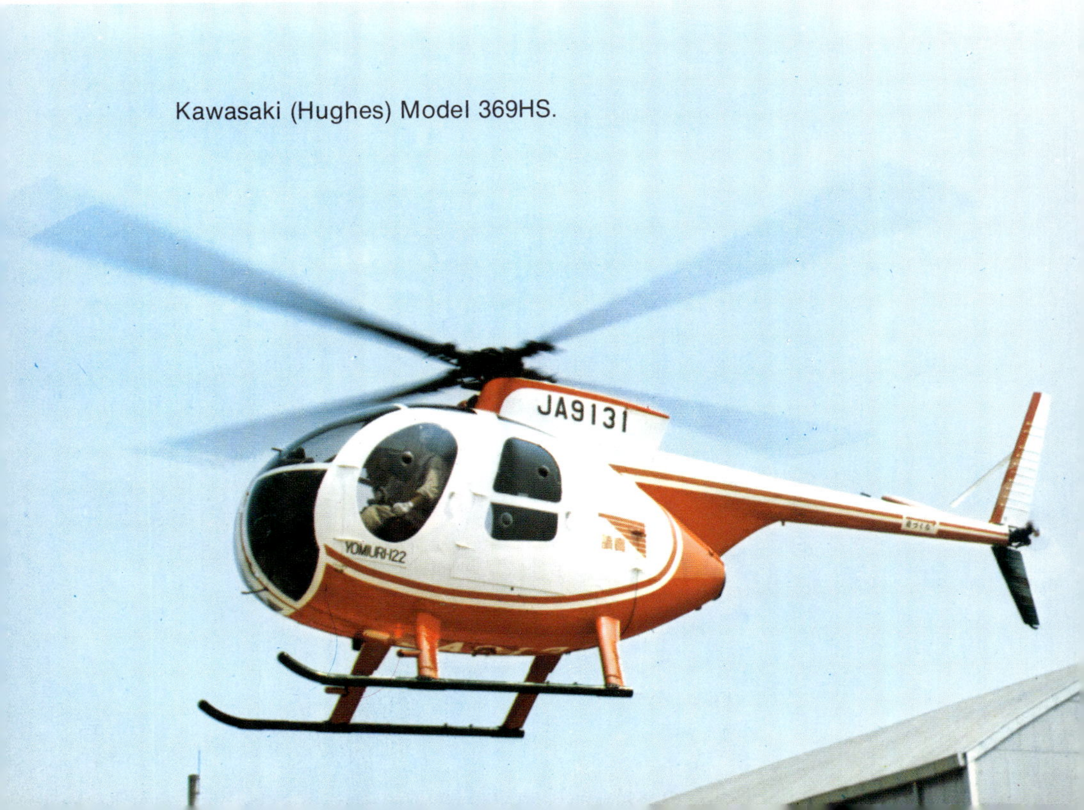

Kawasaki (Hughes) Model 369HS.

Der größte Hubschrauber der Welt: Mil V-12.

Taktische Transporthubschrauber Aérospatiale/Westland
Puma HC Mk. 1 der Royal Air Force.

Westland/Aérospatiale Lynx HAS Mk. 2 bei Versuchen an Bord der HMS Sheffield.

Sikorsky S-64
Skycrane beim Transport
eines Fertighauses.

Sikorsky YCH-53E USA

Schwerer Mehrzweckhubschrauber. In Entwicklung.

Antrieb: drei Wellenturbinen General Electric T64-GE-415 von je 4380 shp Leistung.
Rotordurchmesser: 24,08 m
Rumpflänge: 22,48 m
Leergewicht: 14537 kg
Max. Abfluggewicht: 31638 kg mit Außenlast
Höchstgeschwindigkeit: 315 km/h
Reichweite: 492 km
Platzangebot: drei Mann Besatzung und bis zu 55 Soldaten oder Innen- und Außenfracht (interne Nutzlast 8 Tonnen, Außenlast 14,4 Tonnen über kurze Entfernungen).

Der YCH-53E wurde für die US Navy und das Marine Corps entwikkelt. Der erste Prototyp führte seinen Erstflug am 1. März 1974 aus. Der YCH-53E ist eine dreimotorige Weiterentwicklung des Sikorsky S-65A mit einem neuen Siebenblatt-Hauptrotor, dessen Rotorblätter aus Titan bestehen, und mit einer Reihe von anderen Änderungen, darunter ein verbessertes Getriebe und modifizierte Steuerflächen im Heck. Die Serienmaschinen werden während des Fluges betankt werden können und über ein automatisches Flugsteuerungssystem, ein Allwetter-Navigationssystem sowie Langstrekken-Treibstofftanks verfügen. Der erste Prototyp ging durch einen Unfall am Boden verloren, aber das Erprobungsprogramm wurde mit dem zweiten Prototyp fortgeführt, der am 21. Januar 1975 erstmals flog. Nach der erfolgreichen Evaluation und Erprobung die-

ses Versuchsmusters wurden zwei Vorserien-YCH-53E und eine statische Testzelle gebaut. Die Vorserienmuster gingen Ende 1975 in die Flugerprobung. Die Entscheidung bezüglich einer Serienfertigung des CH-53E wird vom Erfolg der Erprobung mit diesen späteren Modellen abhängen; sie sollte inzwischen bereits gefallen sein.
Der CH-53E wird von der US Navy für die Beförderung von Fracht an Bord ihrer Schiffe, für die Unterstützung mobiler Bautrupps und für die Entfernung beschädigter Flugzeuge von den Decks ihrer Flugzeugträger benützt werden. Im US Marine Corps-Einsatz wird der Hubschrauber 93 Prozent der Kampfausrüstung einer Division aufnehmen können. Außerdem ist die Verwendung als Bergungshubschrauber beschädigter Flugzeuge denkbar.

Sikorsky YUH-60A (S-70) USA

Mehrzweck-Transporthubschrauber. In Entwicklung.

Antrieb: zwei Wellenturbinen General Electric T700-GE-700 von je 1536 shp Leistung.
Rotordurchmesser: 16,15 m
Abfluggewicht: 9979 kg
Marschgeschwindigkeit: 296 km/h
Platzangebot: drei Mann Besatzung und 11 Soldaten. Vier Krankentragen oder Innen- bzw. Außenfracht (3175 kg Last am Außenhaken).
Bewaffnung: ein seitlich feuerndes MG kann mitgeführt werden.

Das US Department of Defense kündigte am 30. August 1972 die Kontraktvergabe an die US-Firmen Sikorsky und Boeing Vertol an, wonach beide Unternehmen je drei Hubschrauber-Prototypen im Rahmen des UTTAS-Programms bauen sollten (UTTAS = Utility Tactical Transport Aircraft System = taktisches Mehrzweck-Transportflugzeug-System). Inzwischen ist Sikorsky aus dieser Ausschreibung als Sieger hervorgegangen. Der Sikorsky YUH-60A hatte am 17. Oktober 1974 Erstflug, und der zweite und dritte Prototyp folgten am 21. Januar bzw. am 28. Februar 1975 nach. So wie das Konkurrenzmuster von Boeing Vertol von zwei T700-GE-700-Wellenturbinen angetrieben, unterscheidet sich der YUH-60A von diesem durch fortschrittliche Hauptrotorbläter mit Titan-Holmen, GFK-Beplankung und gepfeilten Blattspitzen, einen geneigten Heckrotor und ein nicht einziehbares Spornrad-Fahrwerk. Der

Entwurf wurde so ausgelegt, daß sechs YUH-60A in einem Großtransporter des Typs Lockheed C-5A Galaxy Platz finden.
Ähnlich wie beim Boeing Vertol YUH-61 (siehe dort) ist auch die Entwicklung einer zivilen Variante des YUH-60A unter der Bezeichnung S-78 geplant (siehe dort). Ferner wird auch eine modifizierte YUH-60A-Version als Bewerber für die Mk III LAMPS-Ausschreibung der US Navy gebaut (LAMPS = Light Airborne Multi-Purpose System = Leichtes fliegendes Mehrzwecksystem). Die Hauptunterschiede der LAMPS-Ausführung gegenüber dem YUH-60A sind automatisch faltbare Rotoren, eine Versetzung des Spornrades nach vorn, der Einbau von MAD und Überwasser-Suchradar und die Mitführungsmöglichkeit von zwei Mk 46-Torpedos (MAD = Magnetic Anomaly Detector = Erfassungsgerät magnetischer Abweichungen).

Silvercraft SH-4 Italien

Mehrzweck- und Landwirtschaftshubschrauber. In Serienbau und Einsatz.

Antrieb: ein Kolbenmotor Franklin 6A-350D-D1B von 235 hp Leistung (gedrosselt auf 170 hp).
Rotordurchmesser: 9,03 m
Rumpflänge: 7,65 m
Leergewicht: 518 kg
Abfluggewicht: 862 kg
Höchstgeschwindigkeit: 161 km/h
Reichweite: 320 km

Platzangebot:
ein Pilot und zwei Passagiere. Landwirtschafts-Ausrüstung wie Sprüh-Ausleger und Chemikalien-Behälter einer Kapazität bis 200 kg. Außenlasten bis zu 200 kg Gewicht oder eine außen mitgeführte Krankentrage in einem Tragekorb.

Der Prototyp des Silvercraft SH-4 führte seinen Erstflug im März 1965 durch. Er ist eine Weiterentwicklung aus dem Silvercraft XY, dem ersten Hubschrauberprojekt, das von dieser Firma durchgeführt wurde. Es wurden fünf Vorserienmaschinen gebaut, und bereits 1966 erhielt der Hubschraubertyp die italienische und FAA-Zulassung und ist damit der erste gesamtitalienische Hubschrauber, der diese Zulassungen verliehen bekam. Die Abteilung Flugtriebwerke von Fiat fertigt die Bauteile für das Getriebesystem des ersten Serienloses von 50 Maschinen, für das die Auslieferung im Jahre 1970 anlief. Der SH-4 wird heute in zwei Ausführungen für die Kunden in Italien und im Ausland gefertigt – als SH-4 und als

SH-4A. Ersterer ist eine Mehrzweck-Version und kann sowohl für zivile und militärische Aufgaben Verwendung finden – darunter allgemeine Transport-, Ambulanz-, Vermessungs-, Polizei-, Beobachtungs- und Verbindungsflüge sowie Flugausbildung. Der SH-4A dagegen ist eine für den Landwirtschafts-Einsatz ausgelegte Variante, die mit 10 m langen Sprühauslegern und zugehörigem Gerät ausgerüstet ist. In der nächsten Produktionsphase soll eine Serie von 200 weiteren Maschinen aufgelegt werden.

Westland 606 — Großbritannien

Zivil- und Mehrzweckhubschrauber. In Entwicklung.

Antrieb: zwei Wellenturbinen Rolls-Royce Gem 2 von je 900 shp oder zwei Pratt & Whitney (Canada) PT6B-34, gedrosselt auf je 1835 shp.
Rotordurchmesser: 12,80 m
Rumpflänge: 13,36 m
Abfluggewicht: 4309 kg
Max. Reisegeschwindigkeit: 259 km/h
Reichweite: 370 km mit 1000 kg Nutzlast
Platzangebot: ein oder zwei Mann Besatzung und 12 bis 13 Passagiere. Oder drei Krankentragen, vier sitzende Verletzte und ein Mann Betreuungspersonal. Fünf bis acht Passagiere in der Geschäftsreise-Version. Fracht.

Foto: Attrappe des Westland 606

Der Westland 606 ist im Grunde eine Zivilversion des militärischen Mehrzweckhubschraubers Lynx. Er unterscheidet sich von ihm hauptsächlich durch einen längeren Rumpf, die Rolls-Royce Gem 2 oder Pratt & Whitney-Turbinen und durch die für einen Zivilhubschrauber typische Kabinen-Auslegung. Die Entwicklungsarbeiten werden von Westland in eigener Regie durchgeführt, und eine vollmaßstäbliche Attrappe wurde bereits gebaut. Zur Standardausrüstung gehören automatisches Stabilisierungsgerät, ein Dreiachsen-Autopilot und Blindflug – Instrumentierung. Der Hauptrotor ist so ausgelegt, daß er auch bei negativen Anstellwinkeln läuft. Zu den auf Wunsch lieferbaren Systemen zählen ein Transitionssystem, das den automatischen Übergang vom Reiseflug in den Schwebeflug gestattet, ein Außenlasthaken, eine Rettungswinde und anderes, für eine Reihe von Einsatzrollen geeignetes Zusatzgerät. Als eine der wichtigsten Aufgaben für den Westland 606 betrachtet die Herstellerfirma die Versorgung von Erdöl- und Erdgas-Plattformen vor der Küste.

Westland Commando — Großbritannien

Taktischer Transport-, Unterstützungs- und Rettungshubschrauber. In Serienproduktion und Einsatz.

Daten: Commando Mk 2
Antrieb: zwei Rolls-Royce Gnome H.1400-1-Wellenturbinen von je 1590 shp Leistung.
Rotordurchmesser: 18,90 m
Rumpflänge: 17,02 m
Leergewicht: 5543 kg
Abfluggewicht: 9525 kg
Höchstgeschwindigkeit: 220 km/h
Reichweite: 480 km mit 28 Soldaten. 193 km mit einer Außenlast von 2720 kg.
Platzangebot: zwei Mann Besatzung und bis zu 28 Soldaten. Krankentragen, Fracht.
Bewaffnung: Mitführungsmöglichkeit von einer Vielfalt von Kanonen, Lenkwaffen etc.

Foto: Commando Mk 2

Der Westland Commando, der hauptsächlich als Truppen- oder Frachttransporthubschrauber und für logistische Transport- sowie Evakuierungsaufgaben entwickelt wurde, kann auch für den Erdkampf, für Such- und Rettungseinsätze herangezogen werden. Der Entwurf, der im Jahre 1971 angekündigt wurde, basiert auf dem Westland Sea King. Fünf Commando Mk 1 wurden von Saudi-Arabien für die Verwendung in Ägypten bestellt. Die ersten beiden dieser Baumuster führten den Erstflug im September 1973 durch und wurden im Februar 1974 nach Ägypten geliefert. Der Mk 1 hat Unterbringungsmöglichkeit für 21 Soldaten und ist mit einem Einziehfahrwerk ausgerüstet. Diese Ausführung unterscheidet sich vom Sea King rein äußerlich hauptsächlich durch das Fehlen des Suchradars, das im Sea King in einem Radom über dem Rumpfmittelteil eingebaut ist. Der Commando Mk 2 – die komplexere und auch bedeutendere Serienversion – verfügt über ein festes Fahrwerk und weist ferner noch andere Änderungen auf. Das erste Baumuster des Commando Mk 2 hatte am 16. Januar 1975 Erstflug. 19 Maschinen gingen in einem Erstauftrag an Saudi-Arabien. Ferner hat die Luftwaffe des Emirats Qatar drei Commando Mk 2-Truppentransporter und eine Einheit für den Transport hochgestellter Persönlichkeiten erhalten.

Westland Sea King | Großbritannien

U-Boot-Kampf- und Mehrzweckhubschrauber. In Serienpoduktion und Einsatz.

Daten: Sea King HAS.Mk 2
Antrieb: zwei Wellenturbinen Rolls-Royce Gnome H.1400-1 von je 1660 shp Leistung.
Rotordurchmesser: 18,90 m
Rumpflänge: 17,01 m
Leergewicht: 6084 kg
Abfluggewicht: 9525 kg
Marschgeschwindigkeit: 208 km/h
Reichweite: 1230 km mit Standard-Treibstoff
Platzangebot: vier Mann Besatzung in der U-Boot-Kampf-Einsatzrolle. Mitführmöglichkeit von bis zu 22 Personen oder neun Krankentragen und zwei Mann Betreuungspersonal in der Such- und Rettungs-Einsatzrolle.
Bewaffnung: vier Zielsuchtorpedos Mk 44, vier Wasserbomben Mk 11 etc. Im Bereich der rechten Rumpftür kann ein MG mitgeführt werden.

Foto: Sea King Mk 41

Der Sea King wurde ursprünglich als U-Boot-Kampfhubschrauber für die Royal Navy entwickelt, und zwar begannen die Entwicklungsarbeiten an der Version HAS.Mk 1 im Jahre 1959, nachdem mit dem US-Unternehmen Sikorsky ein Linzenzfertigungs-Vertrag abgeschlossen worden war, der es Westland Helicopters gestattete, den SH-3D (S-61) in modifizierter Form zu bauen. Zu den Änderungen zählte die Installation zweier Wellenturbinen des Typs Rolls-Royce Gnome H.1400 von je 1500 shp Leistung, eines auto-

matischen Flugsteuerungssystems des Typs, wie es im Wessex HAS. Mk 3 zum Einbau gelangt, eines Sonars großer Reichweite mit Doppler-Datenverarbeitung und bathythermographischen Einrichtungen sowie eines taktischen Darstellungsgeräts, auf dem die Anzeigedaten des AW 391-Suchradars und des zugehörigen Doppler-Navigationssystems präsentiert werden. Die erste Serienmaschine startete am 7. Mai 1969 zu ihrem Erstflug, und die Auslieferung der 56 HAS.Mk 1 war im Mai 1972 abgeschlossen. Die erste Sea King-Einheit war die No 700S Squadron der Royal Navy, die am 19. August 1969 ins Leben gerufen wurde. Eine verbesserte Ausführung des Sea King – ebenfalls für die Royal Navy – ist der HAS.Mk 2. Die Auslieferung von 13 Exemplaren, die für den U-Boot-Kampf und Such- und Rettungsaufgaben bestimmt waren, begann im Jahre 1976. Diese Mk 2-Hubschrauber verfügen über leistungsstärkere Triebwerke und verstärkte Getriebeeinheiten und weisen noch andere Verbesserungen auf, die ein um ca. 225 kg größeres Abfluggewicht ermöglichen als in der Erstversion. 15 ähnlich ausgestattete Sea King HAS.Mk 3 wurden von der RAF, ebenfalls für Such- und Rettungsaufgaben, geordert.
Sea King wurden in verschiedene Länder exportiert; dazu zählen auch die 22 Sea King Mk 41 für Such- und Rettungsaufgaben bei der bundesdeutschen Marine. 12 Sea King Mk 42 wurden an die indische Marine geliefert, wo sie für U-Boot-Kampfmissionen verwendet werden, und 10 Such- und Rettungshubschrauber Sea King Mk 43 erhielt die Marine Norwegens. Ferner gingen sechs Sea King Mk 45 für U-Boot-Kampfaufgaben an die pakistanische Marine, und die belgischen Luftstreitkräfte beschafften fünf Sea King Mk 48, die ebenfalls für Suche und Rettung eingesetzt werden. Diese Exportversionen entsprechen im wesentlichen der Royal Navy-Ausführung Mk 1. Die Royal Australian Navy plazierte allerdings einen Auftrag auf 10 Sea King Mk 50, der viele der Verbesserungen aufweist, wie sie in der Version Mk 2 der Royal Navy vorhanden sind. Die Auslieferung des Mk 50 an Australien lief Ende 1974 an, und diese Hubschrauber operieren – so wie die Sea King der Royal Navy auch – in einer ganzen Reihe von Einsatzrollen. Dazu zählen der U-Boot-Kampf, der taktische Truppentransport, Such- und Rettungseinsätze, Nachschubflüge und die Evakuierung von Verwundeten. Der verbesserte Sea King Mk 2 kann 2720 kg Fracht im Kabineninneren bzw. eine Außenlast von 3630 kg mitführen (in der Transporter-Mission).

Westland Wasp und Scout Großbritannien

U-Boot-Kampfhubschrauber (Wasp) und Verbindungshubschrauber (Scout). Im Einsatz.

Daten: Wasp
Antrieb: eine Wellenturbine Rolls-Royce Bristol Nimbus 503 von 710 shp Leistung (gedrosselt).
Rotordurchmesser: 9,83 m
Rumpflänge: 9,24 m
Leergewicht: 1566 kg
Abfluggewicht: 2495 kg
Höchstgeschwindigkeit: 193 km/h
Reichweite: 435 km bei einer Geschwindigkeit von 177 km/h
Platzangebot: zwei Mann Besatzung. Unterbringungsmöglichkeit für drei Passagiere und eine Krankentrage.
Bewaffnung: zwei Zielsuchtorpedos Mk 44 oder andere Außenlasten.

Foto oben:
Scout der Flugabteilung der Polizei von Uganda.

Foto links:
Wasp HAS Mk1 mit AS 12-Raketen

Diese Hubschraubermuster, die anfänglich für die Royal Navy und die britische Armee entwickelt wurden, wurden aus dem Saunders-Roe 531 P. abgeleitet. Dieser Hubschrauber war mit Firmenmitteln gebaut worden, und der erste von zwei gebauten Prototypen hatte – von einer Turmo-Wellenturbine von 325 shp angetrieben – am 20. Juli 1958 Erstflug. Die Royal Navy untersuchte einen dieser Prototypen und zwei ähnliche Hubschrauberentwürfe, die dann zur Entwicklung und Produktion des Wasp HAS.Mk 1 überleiteten. Ein von einer Nimbus-Turbine angetriebener 531 P.-Prototyp flog am 9. August 1959 erstmals, und am 28. Oktober 1962 startete der erste Serien-Wasp zum Erstflug. Auch dieser war mit einem Nimbus-Triebwerk ausgerüstet und verfügte ferner über einen abklappbaren Heckträger und ein aus vier Fahrwerkbeinen bestehendes Fahrwerk. Die Auslieferung an die Royal Navy begann 1963, die ca. 80 Wasp HAS.Mk 1 bestellt hatte. Diese Maschinen werden als U-Boot-Kampfhubschrauber auf den Fregatten der Tribal-, Leander- und Rothesay-Klasse verwendet. Andere Wasps wurden von den Marienstreitkräften Brasiliens (drei Exemplare), der Niederlande (12), Neuseelands (3) und Südafrikas (17) bestellt. Die Serienfertigung des Wasp endete im Jahre 1974, aber er steht immer noch bei der Royal Navy in Dienst und wird zur Zeit mit einer neuen kreiselstabilisierten Periskop-Waffenzielvorrichtung des Typs APX Bézu M.260 ausgerüstet.
Der Westland Scout unterscheidet sich vom Wasp durch seinen festen Heckrotorträger und ein Kufenfahrwerk. Er ist ferner mit einer Nimbus 101- oder 102-Wellenturbine von 685 shp Leistung ausgestattet. Die erste Vorserienmaschine des Scout, der vom Army Air Corps bestellt wurde, hatte am 4. August 1960 Erstflug. Die Royal Army plazierte Aufträge auf ca. 150 Scout AH.Mk1, von denen der erste am 6. März 1961 flog. Andere Nutzer des Scout sind die Royal Australian Navy, die zwei Maschinen für Vermessungsaufgaben einsetzt, und die Flugabteilung der ugandischen Polizei.

Westland Wessex — Großbritannien

U-Boot-Kampfhubschrauber. Militärischer und ziviler Transporthubschrauber. Im Einsatz.

Daten: Wessex HU.Mk 5
Antrieb: zwei gekoppelte Wellenturbinen Rolls-Royce Gnome 112 und Gnome 113 einer Gesamtleistung von 1550 shp
Rotordurchmesser: 17,07 m
Rumpflänge: 14,74 m
Leergewicht: 3927 kg
Abfluggewicht: 6120 kg
Höchstgeschwindigkeit: 212 km/h
Reichweite: 770 km
Platzangebot: ein bis drei Mann Besatzung und 16 Soldaten. Sieben Krankentragen oder 1814 kg Fracht.
Bewaffnung: Mitführmöglichkeit von SS.11-Luft-Boden-Lenkwaffen, Torpedos, Raketenbehältern und Maschinenkanonen.

Foto: Wessex M 1, ausgerüstet für Such- und Rettungseinsatz.

Die Firma Westland hat eine große Zahl von ein- und zweimotorigen Zivil- und Militärhubschraubern unter der Bezeichnung Wessex produziert. Die Entwicklung dieses Hubschraubers begann im Jahre 1956, als das Unternehmen von Sikorsky eine Lizenz zum Bau des Modells S-58 erwarb und einen von Sikorsky gefertigten HSS-1 (SH-34) ausgeliefert erhielt. Nach seiner Ankunft in Großbritannien wurde der HSS-1 auf eine Wellenturbine Gazelle N.Ga.11 von 1100 shp Leistung umgerüstet und flog in dieser Auslegung am 17. Mai 1957 erstmals. Der Erstflug eines von zwei Vorserienmustern fand am 20. Juni 1958 statt, und die Auslieferung der Serien-

maschinen des U-Boot-Kampfhubschraubers HAS.Mk 1 begann im Jahre 1960. Mit einem Gazelle 161-Triebwerk von 1450 shp Leistung, einem großen Radom am Rumpfrücken, Tauchsonar und zugehörigem Gerät ausgerüstet, wurde der Wessex HAS.Mk 1 im Juli des folgenden Jahres seiner ersten Einheit zugeteilt. Im Jahre 1962 erhielt das Kommandoschiff HMS Albion eine 16sitzige Transportversion des Mk 1. Inzwischen hatte auch – am 18. Januar 1962 – ein Wessex – Baumuster seinen Erstflug ausgeführt, das zwei gekoppelte Gnome-Triebwerke als Antriebseinheit aufwies, und das erste mit einem ähnlichen Aggregat ausgerüstete Serienmuster flog am 8. Oktober desselben Jahres erstmals. Die auf diesen Standard gebrachten RAF-Serienausführungen führten die Bezeichnung HC.Mk 2.
Die HAS.Mk 3-Variante des Wessex gleicht im wesentlichen dem Mk 1, wird aber von einer Wellenturbine Gazelle 165 von 1600 shp angetrieben. Zwei Mk 2-Hubschrauber wurden in HCC.Mk 4 umgebaut und stehen bei The Queens Flight, der speziell der Königin zur Verfügung stehenden Transporteinheit, im Einsatz. Eine Gefechtsfeld-Version des Mk 2 für die Royal Navy, die die Bezeichnung HU.Mk 5 führt, startete am 31. Mai 1963 zu ihrem Jungfernflug. Insgesamt erhielt die Royal Air Force 60 HC.Mk 2 und zwei HCC.Mk 4, während an die Royal Navy ca. 150 HAS.Mk 1, HAS.Mk 3 und HU.Mk 5 Wessex ausgeliefert wurden. Die Royal Australian Navy beschaffte 27 Wessex HAS. Mk 31B, die von Gazelle 162-Turbinen von 1540 shp Leistung angetrieben wurden. Zu den weiteren Militärversionen zählten der Wessex 52 für die Luftstreitkräfte des Irak, der Wessex 53 für die Luftstreitkräfte Ghanas, der Wessex 54 für Brunei und zwei Wessex HC.Mk 5 für Bangladesch. 15 zivile Wessex Series 60, die im wesentlichen dem Mk 2 entsprachen, wurden ebenfalls von Westland gebaut. Die meisten davon stehen noch im Einsatz, hauptsächlich beim britischen Hubschrauber-Unternehmen Bristow Helicopters.

Westland/Aérospatiale Lynx

Großbritannien/
Frankreich

Mehrzweck-Militärhubschrauber. Serienproduktion und Einsatz.

Daten: Lynx HAS.Mk 2 (U-Boot-Kampfversion)
Antrieb: zwei Wellenturbinen Rolls-Royce BS.360-07-26 Gem.
Rotordurchmesser: 12,80 m
Rumpflänge: 11,92 m
Leergew. (ausgerüstet): 3083 kg
Abfluggewicht: 4309 kg
Max. Marschgeschwindigkeit: 273 km/h (Dauerleistung)
Reichweite: 629 km
Platzangebot: normal zwei Mann Besatzung, oder ein Pilot und 10 Soldaten. 907 kg Fracht im Inneren der Kabine. 1360 kg Außenfracht. Drei Krankentragen und ein Mann Bedienungspersonal. Andere Kabinen-Auslegungen für verschiedene Einsatzrollen.

Bewaffnung: Einbaumöglichkeit für eine 20 mm-Kanone vom Typ AME 621 oder eine ähnliche Ausführung oder eines 7,62 mm GEC-Minigun in der Kabine. Zwei Mk 44 – oder Mk 46-Zielsuchtorpedos und sechs Markierungsgranaten bzw. zwei Mk 11-Wasserbomben. Alle Ausführungen können Aufhängevorrichtungen für zwei Minigun- oder andere Kanonenbehälter, Raketen oder sechs Hawkswing-, AS.11-, acht Hot- oder TOW-Lenkwaffen erhalten, ferner für Sea Skua-Lenkwaffen mit halbaktiver Zielsuche oder AS.12-Lenkwaffen.

Foto: Lynx HAS Mk 2

In Übereinstimmung mit einem anglo-französischen Abkommen wurden fünf Lynx-Prototypen unter der Entwurfsleitung von Westland Helicopters gebaut. Bevor noch der erste Prototyp am 21. Mai

1971 zum Erstflug gestartet war, waren mit zwei fliegenden Erprobungsträgern vom leichten Hubschraubertyp Westland Scout maßstäblich verkleinerte Ausführungen des Lynx-Rotorsystems getestet worden. Alle fünf Prototypen waren bis 12. April 1972 geflogen. Dieses Datum markiert den Erstflug eines Lynx in der Ausführung für die britische Armee. Ein sechstes Baumuster wurde anfänglich an Rolls-Royce geliefert, um für Triebwerk-Untersuchungen verwendet zu werden, und sieben weitere Maschinen wurden für militärische Entwicklungsarbeiten am Lynx-Hubschrauber fertiggestellt. Das erste Exemplar davon war der erste Royal Navy-Prototyp HAS.Mk 2, der am 25. Mai 1972 flog; die dritte Maschine war der erste Prototyp für die französische Marine (Erstflug am 6. Juli 1973). Im späten Frühjahr 1975 hatten die Lynx-Hubschrauber über 2000 Flugstunden angesammelt. Der erste Serienauftrag wurde im Jahre 1973 erteilt, und 1976 waren 30 Einheiten von der Royal Navy, 63 von der British Army und 18 von der französischen Armee bestellt. 16 Lynx waren von der Marine der Niederlande, neun von der brasilianischen Marine geordert worden.
Der Lynx AH.Mk 1 für die britische Armee hat Ende 1976 seinen Dienst angetreten. Diese Ausführung kann für eine Reihe von Aufgaben Verwendung finden, darunter Panzerbekämpfung, taktischer Truppentransport, Hubschrauber-Eskortierung, Aufklärung, logistische Transportaufgaben, Such- und Rettungsflüge, Evakuierungseinsätze und Verwendung als fliegender Kommandostand. Die HAS.Mk 2 für die Royal Navy, die mit dem Seaspray-Such- und Verfolgungsradar von Ferranti ausgerüstet sind, wurden 1976 ausgeliefert. Die Mk 2-Hubschrauber finden als bordstationierter U-Boot-Jagd- und Kampfhubschrauber, für die Bekämpfung von Überwasser-Schiffen, für Aufklärung, Suche und Rettung, Verbindungsflüge, Gefechtsfeld-Unterstützung und Truppentransport Verwendung. Der Lynx, wie ihn die französische Marine einsetzt, entspricht im wesentlichen der Royal Navy-Ausführung, verfügt aber über fortschrittlichere Ausrüstung zur Zielerfassung. Es existiert auch eine Schulungsversion für die Royal Air Force, die die Typenbezeichnung Lynx HT.Mk 3 führt.
Westland hat auch eine Variante projektiert, die als Sea Lynx bekannt ist und an der US Navy-Ausschreibung LAMPS teilnimmt. Hier tritt er gegen verschiedene US-Hubschrauber in einer Konkurrenz um die Nachfolge des Kaman Seasprite an (siehe dort). Eine Zivilvariante des Lynx ist der Westland 606 (siehe dort).

Westland/Aérospatiale Lynx AH Mk 1

WSK-Swidnik Mi-2 und Mi-2M (NATO-Code Hoplite)

Polen

Ziviler und militärischer Mehrzweckhubschrauber. In Serienproduktion und Einsatz.

Daten: Mi-2
Antrieb: zwei in Polen gebaute Wellenturbinen Isotow GTD-350 von je 400 bis 450 shp Leistung.
Rotordurchmesser: 14,50 m
Rumpflänge: 11,40 m
Leergewicht: 2365 bis 2424 kg
Abfluggewicht: 3700 kg
Höchstgeschwindigkeit: 210 km/h in 500 m Höhe
Reichweite: 170 km mit Standard-Treibstoff bei max. Nutzlast
Platzangebot: ein Pilot und acht Passagiere, vier Krankentragen und ein Mann Betreuungspersonal. Landwirtschafts-Ausrüstung. Außenlasten, Rettungsgerät oder Bewaffnung.
Bewaffnung: Der Mi-2 wurde mit Luft-Boden-Raketenbehältern beobachtet.

Foto: Mi-2 mit Landwirtschafts-Ausrüstung

Der Mi-2 wurde ursprünglich in der UdSSR als ein Nachfolgemuster des Mi-1 entwickelt, aber die polnischen WSK-Swidnik-Werke wurden mit der Endentwicklung und dem Serienbau betreut. Durch Ersetzen des Kolbenmotors des Mi-1 durch zwei leichte Wellenturbinen, die über der Kabine montiert sind, konnte der Mi-2 eine 2½mal größere Nutzlast befördern als das Ausgangsmuster. Der Prototyp flog im Jahre 1962 erstmals und wurde im September des gleichen Jahres sowjetischen Offiziellen vorgeführt. Der erste in

Polen gefertigte Mi-2 hatte im November 1963 Erstflug. Nach der Flugerprobung wurde die Serienproduktion in Polen in den Jahren 1965 und 1966 aufgenommen. Die Serienmaschinen waren zuerst von 400 shp leistenden Triebwerken angetrieben, aber eine neue, 1974 aufgelegte Variante verfügte über zwei Turbinen von je 450 shp Leistung. Später entstand eine weitere Ausführung mit Rotorblättern, Heckrotor und Höhenflosse aus Kunststoff.
Einige Hundert Mi-2 sind für Zivil- und Militäreinsatz gebaut worden. In früheren Ausführungen wurden sie als Passagier- und Fracht-Transport-Hubschrauber verwendet (in letzterer Einsatzrolle konnten sie eine Außenlast von 800 kg oder auch Fracht im Kabinen-Inneren mitführen), gelangten aber auch als Landwirtschaftshubschrauber mit Sprüh-Auslegern und zwei Chemikalienbehältern, als Schulhubschrauber, für Ambulanzflüge und Luft-Fernseh-Arbeiten zum Einsatz. Im militärischen Bereich tun die Mi-2-Hubschrauber in verschiedenen Ländern Dienst, darunter Bulgarien, CSSR, Ungarn, Polen, Rumänien und die UdSSR.
Eine Weiterentwicklung des Mi-2 ist der Mi-2M, dessen Serienfertigung 1975 aufgenommen wurde. Diese Version hat eine breitere und höhere Kabine, die neun Passagiere und Fracht faßt, und weist auch weitere Verbesserungen gegenüber der Grundausführung auf; so gehören z.B. die 450 shp-Triebwerke zur Standardausrüstung.

ZWEITER TEIL

Aerospace General Mini-Copter USA

Drei Prototypen dieses ultraleichten Hubschraubers sind von der US Navy zur Untersuchung der Eignung als Piloten-Rettungsfahrzeuge bestellt worden. Der Mini-Copter soll abgestürzten bzw. mit dem Fallschirm abgesprungenen Piloten, die sich auf feindlichem Territorium befinden, aus der Luft abgeworfen werden. Er hat zusammengefaltet in einem Absetzbehälter der US Navy vom Typ CTU/1A Platz, der 1,52 m lang und 0,61 m breit ist, und kann vom abgestürzten Piloten in ca. einer Minute flugfertig gemacht werden. Den Antrieb für den Rotor liefern an den Rotorspitzen angebrachte Raketen von je 19 kp Schubleistung. Die Steuerung erfolgt über einen Gashebelgriff, der vor dem Piloten angebracht ist. Am Heck ist vor einer V-Leitfläche ein kleiner Einblatt-Rotor als Drehmoment-Ausgleich montiert.

Daten: Leergewicht ca. 57 kg, Abfluggewicht ca. 250 kg, Höchstgeschwindigkeit ca. 177 km/h, Reichweite ca. 32 km.

Aérospatiale AS 350 Ecureuil Frankreich

Der AS 350 Ecureuil (Eichhörnchen) soll die Alouette-Baureihe ablösen und ist ein fünf- bis sechssitziges Hubschraubermuster. Er hatte am 27. Juni 1974, angetrieben von einer Wellenturbine Avco Lycoming LTS 101 von 600 shp Leistung, Erstflug (Kennzeichen F-WVKH). Ein zweiter Prototyp mit der Kennung F-WVKI, der mit einem Turboméca Arriel-Triebwerk von 650 shp Leistung ausgerüstet war, flog im Februar 1975 erstmals. Die Serienmaschinen des Ecureuil, die im Jahre 1978 verfügbar sein sollen, werden je nach Kundenwunsch mit beiden Triebwerken geliefert werden können. In der Zelle des Hubschraubers, für die Hauptrotorblätter und die relativ einfach aufgebaute »Starflex«-Rotorachse kommen Kunststoffe zur Anwendung.

Daten: Rotordurchmesser 10,69 m, Länge 10,91 m, Abfluggewicht 1900 kg, Höchstgeschwindigkeit (mit LTS 101) 256 km/h, Reichweite (mit LTS 101) 820 km.

Aerotechnik WGM 22 BundesrepublikDeutschland

Der WGM 22, der aus dem in drei Prototypen gebauten einsitzigem Baumuster WGM 21 weiterentwickelt wurde, ist ein zweisitziges Hubschrauberprojekt ungewöhnlicher Auslegung. Die vier Zweiblattrotoren sind an den Enden von Auslegern angebracht, die oben auf der Rotorachse montiert sind. Diese Auslegung macht einen Heckrotor oder Hecksteuerflächen überflüssig. Die Kabine, die zwei Personen nebeneinander aufnimmt, ist mit Ausnahme der Hinterwand und des Kabinenbodens total verglast. Der Hubschrauber ist mit einem Dreibein-Fahrwerk ausgerüstet. Bisher wurde lediglich eine Attrappe des WGM 22 angefertigt.

Daten: Höchstgeschwindigkeit 200 km/h, Reichweite ca. 800 km.

Agusta-Bell 205 und 205A-1 Italien

Die Firma Agusta hat den militärischen Mehrzweckhubschrauber Bell Model 205 in großen Stückzahlen in Lizenz gebaut, zum Beispiel für die Streitkräfte des Iran, Italiens, Kuwaits, Marokkos, Saudi-Arabiens, Spaniens, der Türkei, der vereinigten arabischen Emirate und Zambias. Der Agusta-Bell 205 entspricht im Grund dem UH-1D bzw. UH-1H und kann für verschiedene Einsatzzwecke ausgestattet werden: für taktische Erdkampf-Unterstützung, Truppentransport, Evakuierung-, Ambulanz- und Rettungsflüge. Das Baumuster kann mit unterschiedlichen Fahrwerksauslegungen geliefert werden und kann auch Bewaffnung mit sich führen. Die Zivilversion führt die Typenbezeichnung Agusta-Bell 205A-1 und entspricht dem Bell 205A-1 – diese Ausführung steht bereits seit 1969 in Serienproduktion. Der 205A-1 wird von einer Wellenturbine Lycoming T53-13B von 1400 shp Leistung (gedrosselt auf 1250 shp) angetrieben und bietet normalerweise einem Piloten und 14 Passagieren Platz, wobei auch Alternativ-Kabinenauslegungen für Geschäftsreise-, Ambulanz-, Fracht- und »fliegende Kran«-Einsätze existieren (bei Mitführung von Innen- und Außenfracht liegt das Abfluggewicht bei 4310 kg).

Daten (205A-1): Rotordurchmesser 14,63 m, Länge 12,78 m, max. Abfluggewicht 4762 kg mit Außenlast, Höchstgeschwindigkeit 222 km/h, Reichweite 532 km.

Bell H-13 Sioux USA

Die in den USA für militärische Zwecke im In- und Ausland gebauten Versionen des Bell Model 47 führen die Typenbezeichnung H-13 Sioux. Sie wurden auch von Westland und Agusta in Lizenz gefertigt. Die US Army besitzt heute noch ca. 16 OH-13 Sioux-Hubschrauber für den aktiven Einsatz und ca. 150 TH-13 für Trainingsaufgaben. Unter diesen Typenbezeichnungen verbergen sich verschiedene Versionen, wie z. B. der OH-13G und der TH-13M, die aus dem zivilen Bell 47G abgeleitet wurden und Kolbenmotoren Franklin 6V4-200-C32 von 200 hp Leistung als Antrieb haben; ferner der OH-13H, der auf dem Bell 47G-2 basiert und mit dem 240 hp leistenden VO-435-Motor ausgerüstet ist; der dreisitzige OH-13S, eine Weiterentwicklung aus dem Bell 47G-3B mit dem TVO-435-25-Motor von 260 hp Leistung als Antrieb; und die Bell-47G-3B-1-Ableitung mit TVO-435-25-Motor von 270 hp, der Instrumententrainer TH-13T. Die von Westland gebauten Sioux-Hubschrauber gingen auf den Bell 47G-3B-1 zurück und führen im Dienst der britischen Armee die Bezeichnung AH.Mk 1. Davon stehen noch ungefähr 250 Exemplare im Dienst. Bei der Royal Air Force heißt der Sioux HT.Mk 2. Die Firma Agusta in Italien baute diesen Hubschrauber für die italienischen Luftstreitkräfte, die Marine und die Armee in Lizenz (90, 12 bzw. 120 Maschinen sind bei diesen Teilstreitkräften noch im Einsatz). Agusta produzierte den Typ aber auch für eine Reihe anderer Kunden. Zu den Nutzern des Sioux zählen Argentinien, Österreich, Brasilien, Burma, Chile, Kolumbien, Ekuador, Griechenland, Guinea, Indien, Indonesien, Japan, Malaysia, Mexiko, Marokko, Neuseeland, Pakistan, Paraguay, Peru, Spanien, Sri Lanka, Taiwan, Tansania, die Türkei, Uruguay, Venezuela, Zaire und Zambia.

Daten (47G-3B-1): Rotordurchmesser 11,32 m, Länge 9,63 m, Abfluggewicht 1338 kg, Höchstgeschwindigkeit 169 km/h, Reichweite 507 km.

Foto: Sioux AH.Mk 1.

Bell Model 222 USA

Der Bell Model 222 ist ein leichter Zivilhubschrauber, der von zwei Avco-Lycoming LTS 101-650C-Wellenturbinen von je 600 shp Leistung angetrieben wird. Er kann neben der Zweimann-Besatzung zehn Personen in einer hochdichten Kabinenbestuhlung, sechs Personen in der Geschäftsreise-Ausführung oder zwei Krankentragen und zwei Mann Betreuungspersonal mit sich führen. Der Model 222 verfügt über das von Bell entwickelte Konzept zur Reduzierung von Vibrationen. Andere Entwurfsmerkmale sind das Einziehfahrwerk, das in Flügelstummeln eingefahren wird, doppelt ausgelegte Elektrik- und Hydrauliksysteme, ausfallsichere Zellenkonstruktion und verschiedene zusätzliche Sicherheitseinrichtungen. Der Bell Model 222 wurde im Hinblick auf die in FAR Part 29 Transport Category niedergelegten Entwurfsspezifikationen ausgelegt. Eine vollmaßstäbliche Attrappe wurde erstmals 1974 gezeigt. Der Erstflug fand am 13. August 1976 statt. Die Auslieferung an die Kunden soll zwei Jahre später erfolgen.

Daten: Rotordurchmesser 11,89 m, Länge 12,12 m, Abfluggewicht 3039 kg, Höchstgeschwindigkeit 290 km/h, Reichweite 685 km.

Bell Model 301 (XV-15) USA

Die Bell Model 301 ist ein Kipprotor-Forschungsflugzeug, das von Bell unter einem Vertrag von seiten des NASA Ames Research Center und des US Army's Air Mobility Research and Development Laboratory entwickelt wird. Zwei Exemplare dieses Baumusters werden von Bell gefertigt, wobei das erste davon am 3. Mai 1977 zum Erstflug startete. Model 301 (die US Army- und NASA-Bezeichnung lautet XV-15) ist im wesentlichen ein Flugzeug mit nach vorn gepfeilten Tragflügeln und zwei an den Flügelspitzen montierten Wellenturbinen des Typs Lycoming LTC1K-4K (T53) einer Leistung von je 1800 shp, die sowohl in Vertikal- als auch Horizontalposition betrieben werden können. Die großen Rotoren sind fest in ihrer Drehebene. Die Rotorblätter selbst sind stark verdreht. Im Einsatz startet das Kipprotorflugzeug senkrecht wie ein Hubschrauber und

Foto oben:
künftige Militärversion.

Foto links:
Model 301-Prototyp.

schwenkt in einer sicheren Höhe die Triebwerke und Rotoren kontinuierlich in eine Horizontallage, um in den Horizontalflug überzugehen. Vor seinem Erstflug wird der zweite Prototyp des Model 301 in natürlicher Größe im Windkanal des NASA Ames Research Center erprobt, bevor er dem ersten Prototyp in der tatsächlichen Flugerprobung nachfolgt. Das Model 301-Programm soll die praktische Anwendbarkeit des Entwurfs unter Beweis stellen, die Einsatzgrenzen eruieren und Daten für in der Zukunft projektierte größere Zivil- und Militär-Flugzeuge ähnlicher Auslegung erstellen.

Daten: Rotordurchmesser je 7,62 m, Abfluggewicht 5897 kg, Höchstgeschwindigkeit ca. 667 km/h, Marschgeschwindigkeit 556 km/h.

Bell Model 409 (YAH-63) USA

Im November 1972 forderte die US Army Entwurfsvorschläge für einen neuen fortgeschrittenen Kampfhubschrauber an. Alle bedeutenden Hubschrauberfirmen der USA beteiligten sich daran, und schließlich wählte die Army die Entwürfe von Bell und Hughes Helicopters zur Weiterentwicklung aus. Jeder dieser beiden Hersteller wurde vertraglich beauftragt, zwei Flugerprobungsträger und ein Bodentestgerät zu bauen und der Army zur Endbewertung vorzulegen. Inzwischen hat der Entwurf YAH-64 von Hughes Helicopters diese AAH-Ausschreibung gewonnen (AAH = Avanced Attack Helicopter = fortgeschrittener Kampfhubschrauber).
Der Bell-Entwurf (er führte die US Army-Bezeichnung YAH-63) war von zwei Wellenturbinen General Electric T700-GE-700 von je 1536 shp Leistung angetrieben und hatte eine interessante Heckauslegung mit oberen und unteren Seitenflossen, auf denen jeweils wieder eine horizontale Fläche angesetzt war. Der Rumpf war mit Flügelstummeln ausgerüstet, und die Zweimann-Besatzung saß in Tandem-Anordnung hintereinander (der Pilot im vorderen Cockpit). Die Null-g-Rotorwelle besaß Momentenfedern in der Schlagachse, und das Rotor-Aufhängungssystem war dynamisch schwingungsgedämpft. Die Bewaffnung bestand aus Anti-Tank-Lenkwaffen TOW oder aus 2,75 inch-Raketen und einer dreiläufigen 30 mm-Kanone, die unter dem Bug des Hubschraubers mitgeführt wurde. Ein Infrarot-Sichtsystem gestattete das Abschießen

der TOW-Lenkwaffen auch bei Nacht. Die Erprobung des Bodengeräts hatte am 19. April 1975 begonnen, und die beiden Prototypen führten ihre Erstflüge am 1. Oktober und 21. Dezember 1975 aus.

Daten: Abfluggewicht: 6805 kg, Marschgeschwindigkeit 269 bis 325 km/h, Flugdauer über 1¾ Stunden.

Boeing Vertol Model 179 USA

Der Boeing Model 179 ist im wesentlichen eine Zivilversion des Militärhubschrauber-Entwurfs YUH-61A, den Boeing Vertol für das UTTAS-Programm der US Army entwickelte. (UTTAS = Utility Tactical Transport Aircraft System = taktisches Mehrzweck-Transportflugzeug). Inzwischen hat allerdings der Boeing-Konkurrenzentwurf YUH-60A von Sikorsky diese Ausschreibung gewonnen. Der Model 179-Prototyp, der viele der fortgeschrittenen Entwurfsmerkmale der Militärausführung aufweist, hatte am 23. Mai 1975 Rollout und führte seinen Erstflug am 5. August desselben Jahres durch. Die Serienversion des Model 179 soll 14 bis 20 Passagiere aufnehmen können und IFR-ausgerüstet sein. Den Erstauftrag auf acht Maschinen plazierte das US-Unternehmen Petroleum Helicopters Inc.

Daten: Rotordurchmesser 14,94 m, Länge 15,77 m, Abfluggewicht 8482 kg, max. Reisegeschwindigkeit 296 km/h, Reichweite 963 km.

Boeing Vertol/MBB BO 105 Executaire USA

Boeing Vertol besitzt seit dem Jahre 1972 die Marketing-Rechte des Hubschraubers MBB BO 105 in den USA und hatte bis Mitte 1975 bereits ca. 50 Maschinen dieses Typs verkauft. Ferner verfügt die US-Firma über das Recht, den Hubschrauber für den Verkauf in den USA und anderen westlichen Ländern zu fertigen und zu vermarkten. Im Rahmen dieser Vereinbarung hat Boeing-Vertol eine modifizierte Ausführung des BO 105 produziert, die unter der Bezeichnung Boeing Vertol BO 105 Executaire bekannt ist. Der Erstflug fand am 18. März 1975 statt.
Der Executaire unterscheidet sich vom Standard-BO 105 durch einen um 0,25 m längeren hinteren Kabinenteil, durch angelenkte Türen statt Schiebetüren und durch Extra-Fenster für die hinten sitzenden Passagiere. In der Mehrzweck-Version nimmt der Executaire den Piloten und bis zu fünf Fluggäste auf.

Daten: Rotordurchmesser 9,82 m, Länge ca. 8,80 m, Leergewicht 1136 kg, Abfluggewicht 2316 kg.

Breda Nardi NH-500 Italien

Die Firma Breda Nardi wurde im Februar 1971 von den Unternehmen Breda und Nardi mit dem Zweck gegründet, die Hubschrauber Hughes Model 300C und 500C und deren Ableitungen in Italien in Lizenz zu bauen. Der Serienbau begann im Jahre 1974 mit der Fertigung des Model 300C, des fünfsitzigen Zivilhubschraubers 500C und des Militärhelikopters 500M, die in Italien die Bezeichnungen NH-300C, NH-500C und NH-500M/MC führen. Breda Nardi plant ferner, eine U-Boot-Kampf-Variante des 500M in Serie zu nehmen, die NH-500ASW bezeichnet wird.

Daten: siehe Hughes Model 500.

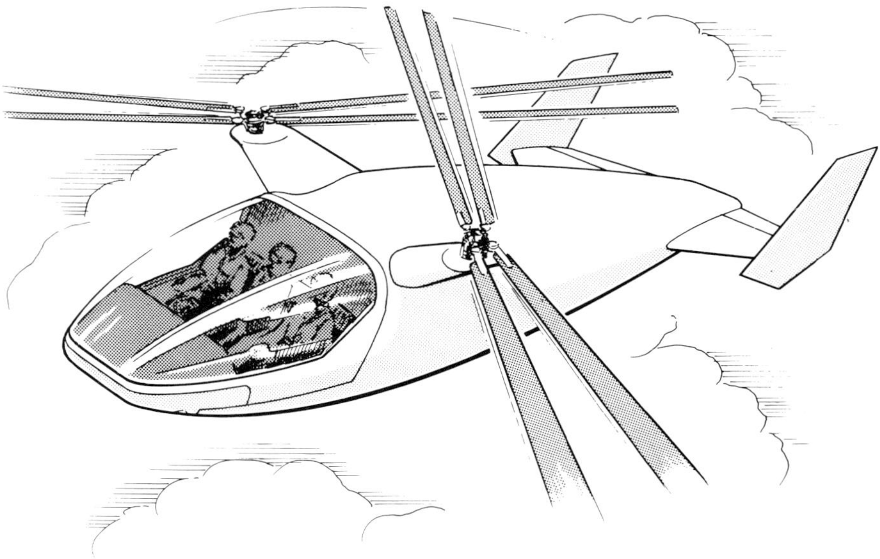

CW Helicopter Research CW 205 Belgien

Der CW ist ein Leichthubschrauber, der einerseits für die normale Fertigung, andererseits für den Vertrieb in Baukastenform ausgelegt wurde, um im Eigenbau vom Besitzer fertiggestellt zu werden. Es handelt sich dabei um einen Hubschrauber mit einer drei Sitze nebeneinander aufweisenden Kabine, der mit einem Lycoming O-435-Motor ausgerüstet ist, der wiederum zwei gegenläufige, ineinander kämmende Rotoren antreibt. Die Blätter jeden Rotors sind in Paaren angeordnet, wobei sie nur mit einem Winkel von 10° statt der bei normalen Rotorauslegungen 90° gegeneinander versetzt sind. Mit dieser Auslegung wird bezweckt, daß das hintere Blatt jeden Blattpaares für das vordere als eine Art »Fowler-Klappe« dient. Der aerodynamisch durchgebildete Rumpf ist eine Ganzmetall-Konstruktion, wobei die Kabine über eine einteilige Plexiglas-Schiebeverglasung zugänglich ist. Die beiden gepfeilten Höhenflossen weisen an ihren Enden Seitenleitwerksflächen auf; das Fahrwerk ist einziehbar. Die Bauarbeiten am CW 205-Prototyp sind im Dezember 1973 angelaufen.

Daten: Rotordurchmesser je 7,24 m, Länge 6,30 m, Abfluggewicht 1080 kg, Höchstgeschwindigkeit 240 km/h, Reichweite 600 km.

Cicaré CH-III Colibri — Argentinien

Die Firma Cicaré Aeronáutica SC wurde im Jahre 1972 mit dem Ziel gegründet, leichte Hubschrauber und Flugtriebwerke zu produzieren. Nach der Erstellung von zwei Experimental-Prototypen mit der Bezeichnung Cicaré I und II hat das Unternehmen jetzt ein Erprobungsmuster des CH-III gebaut, der seinen Erstflug im September 1976 ausführte. Die Entwurfsarbeiten an diesem Hubschrauber begannen im August 1973 aufgrund der Erteilung eines Auftrages von seiten der argentinischen Luftstreitkräfte, die eine Forderung nach einem leichten Trainings- und Landwirtschafts-Hubschrauber hatten. Der Colibri, der in gewisser Weise dem US-Hubschrauber Hughes Osage ähnelt, ist ein Zwei- bis Dreisitzer mit einem starren Vierblatt-Hauptrotor. Bei seiner Konstruktion fand die GFK-Bauweise Anwendung, hauptsächlich für die Haupt- und Heckrotorblätter, die Kabine und die Heckflächen. Der CH-III wird von einem 190 hp leistenden Lycoming HIO-360-D1A-Kolbenmotor angetrieben. Die maximale Zuladung wird mit 226 kg angegeben, auf Wunsch können auch Landwirtschafts-Ausrüstung und ein Lasthaken geliefert werden.

Daten: Rotordurchmesser 7,47 m, Gesamtlänge 8,53 m, Abfluggewicht 800 kg, Höchstgeschwindigkeit 163 km/h, Reichweite 480 km.

Foto: CH-II

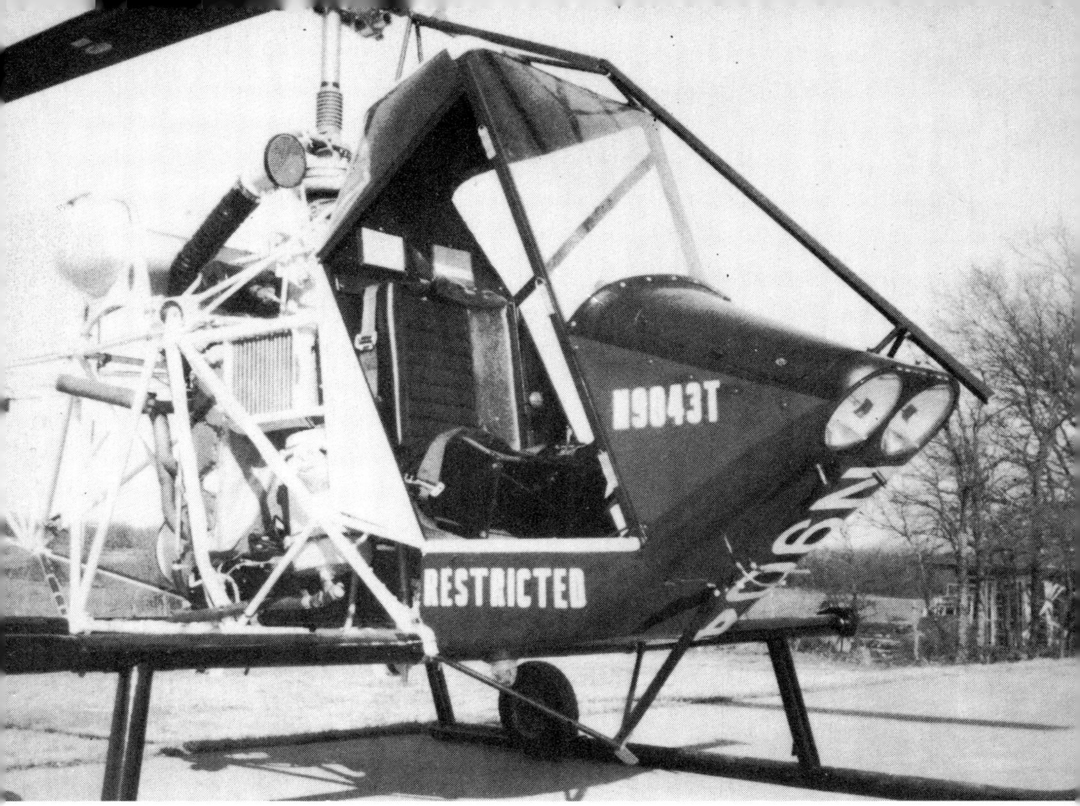

Continental Copters El Tomcat Mk V-A USA

Die verschiedenen Versionen des einsitzigen Hubschraubers El Tomcat, die von 1959 an speziell für landwirtschaftliche Aufgaben entwickelt wurden, sind umgebaute Bell Model 47, wobei unnötige Strukturteile und Ausrüstung ausgebaut wurden, um Gewicht zu sparen und die Nutzlastkapazität zu erhöhen. Ferner ist der El Tomcat mit einem überarbeiteten Steuerungssystem versehen, das die Maschine optimal für ihre Einsatzaufgabe geeignet macht. Der El Tomcat MK V-A ist ein modifizierter Bell Model 47G-2 mit einem Lycoming VO-435-A1F-Kolbenmotor von 260 hp Leistung als Antrieb. Das simple Cockpit, das die Originalkabine ersetzt hat, wurde 1974 durch Einführung eines Piloten-»Käfigs« verbessert, der den Piloten durch eine starre Struktur im vorderen Bereich optimal schützt. Ferner sorgt eine umgebaute GFK-Nase für leichte Zugänglichkeit aller Instrumente, der Batterie und anderer Geräte. Die Nase beherbergt auch zwei während des Fluges regelbare Landescheinwerfer. Für einen Passagier ist ein Notsitz vorhanden.
Daten: Rotordurchmesser 11,32 m, Abfluggewicht 1111 kg, Reichweite 160 km.

Continental Copters El Tomcat Mk VI-B USA

Der El Tomcat Mk VI-B, der auf dem Bell Model 47G-5 basiert, löste das Baumuster Mk VI ab, von dem nur der Prototyp fertiggestellt wurde, und ist zur Zeit die Standard-Serienversion dieses Hubschraubertyps. Den Antrieb liefert ein Kolbenmotor Lycoming TVO-435-B1 von 270 hp Leistung. Auch der El Tomcat Mk VI-B weist ein ähnliches Piloten-Abteil auf wie der umseitig besprochene Mk V-A, verfügt aber über zusätzliche Ausrüstung wie einen Kompaß und einen Höhenmeser. Drei Exemplare wurden nach Portugal ausgeliefert.
Sowohl vom Mk V-A als auch vom Mk VI-B sind Bausätze für die Zelle erhältlich, wobei die Kunden ihre eigenen Bell 47-Antriebssysteme beisteuern. Ferner sind Umbausätze für die Mk VI-B-Installationen lieferbar.

Daten: Abfluggewicht 1293 kg, Höchstgeschwindigkeit 113 km/h.

Hughes YAH-64 USA

Unter der US Army-Bezeichnung YAH-64 entwickelte die Firma Hughes Helicopters ihr AAH-Hubschrauberprojekt, um eine Forderung der Army für die späten siebziger Jahre zu erfüllen (AAH = Advanced Attack Helicopter = fortgeschrittener Kampfhubschrauber). Im Rahmen der AAH-Ausschreibung, an der sich auch das Unternehmen Bell Helicopter Textron beteiligte, wurde Hughes mit dem Bau zweier Flugerprobungsträger und eines Bodentestgeräts beauftragt. Inzwischen hat der Hughes-Entwurf diese Ausschreibung für sich entscheiden können, nachdem dieser Wahl ein Vergleichsfliegen beider Konkurrenzmuster vorausgegangen war. Der YAH-64 hat zwei Wellenturbinen General Electric T700-GE-700 von je 1536 shp Leistung als Antrieb und nimmt eine Zweimann-Crew im Tandem-Cockpit auf, wobei der Pilot im hinteren Sitz untergebracht ist. Der erste Prototyp hatte am 30. September, der zweite am 22. November 1975 Erstflug.
Die Beine des Rad-Hauptfahrwerks können seitlich an den Rumpf gefaltet werden, um die Höhe des YAH-64 für Stau- und Transportzwecke zu verringern. Ebenso wie sein Gegenspieler YAH-63 von

Bell wurde der YAH-64 hauptsächlich als Panzerbekämpfungs-Hubschrauber ausgelegt, obwohl auch Erdkampf-Unterstützungsaufgaben möglich sind. Die Bewaffnung umfaßt eine Hughes 30 mm-»Chain gun« in einem Turm unter dem Rumpf, Unterflügel-Stationen für die Aufnahme von acht TOW-Lenkwaffen, zwei 2,75 mm-Raketenbehältern oder 76 Raketen, wenn die TOW-Lenkwaffen nicht mitgeführt werden. Ferner ist der YAH-64 mit einem Infrarot-Visier für den Nachteinsatz ausgerüstet.

Daten: Rotordurchmesser 14,63 m, Abfluggewicht 7892 kg, Höchstgeschwindigkeit 307 km/h, Flugdauer 3,2 Stunden.

Kaman H-43 Huskie USA

Die Originalversion des Huskie war der HOK-1 mit ineinanderkämmenden Rotoren und sogenannten »Bärentatzen«-Landeeinheiten, der von der US Navy im Jahre 1950 in Auftrag gegeben wurde. Der HOK-1, der später in OH-43D umbenannt wurde, war ein Fünfsitzer, der von einem Kolbentriebwerk angetrieben wurde. Dieser Hubschrauber fand beim US Marine Corps in Korea für Postenpatrouillen und zum Legen von Telefondrähten Verwendung. Die US Air Force bestellte den gleichen Grundtyp in den Ausführungen HH-43A, HH-43B und HH-43F. Zuerst wurden 18 kolbenmotorgetriebene HH-43A beschafft, gefolgt von der größeren Variante HH-43B. In dieser Ausführung gelangte eine Wellenturbine T53-L-1B von 825 shp zum Einbau, und davon erhielt die US Air Force 193 Einheiten. Die letzte USAF-Version war der unten beschriebene HH-43F, von dem 40 Exemplare gekauft wurden und der mit einer Wellenturbine Lycoming T53-L-11 von 1150 shp (gedrosselt auf 825 shp) ausgerüstet war, die eine bessere Leistungsreserve in großen Höhen und/oder unter Warmwetter-Bedingungen lieferte. Die Huskies der USAF gelangten in der Hauptsache für

Feuerbekämpfung und Rettungsflüge auf Flugplätzen zum Einsatz, wurden aber inzwischen vom Bell UH-1N abgelöst. Der HH-43F der USAF bot einem Piloten, zwei Feuerwehrleuten und 454 kg Ausrüstung für die Brandbekämpfung und Rettungsaufgaben Platz oder ferner Krankentragen und einem Mann Bedienungspersonal oder aber einer Zweimann-Crew und 10 Passagieren. Eine ferngesteuerte Ausführung des HH-43F wurde unter der Bezeichnung QH-43G für die US Navy produziert.
Der HH-43B wurde auch nach Burma (12 Maschinen), Kolumbien (6), Marokko (4) und Pakistan (6) geliefert, und alle diese Baumuster stehen heute noch im Einsatz. Der Iran erhielt 17 HH-43F, von denen noch viele Dienst tun.

Daten (HH-43F): Rotordurchmesser je 14,33 m, Länge 7,67 m, Abfluggewicht 4150 kg, Höchstgeschwindigkeit 193 km/h, Reichweite 811 km.

MBB BO 105HGH Bundesrepublik Deutschland

Der BO 105HGH ist ein Hochgeschwindigkeits-Hubschrauber, der ursprünglich für die Ausführung von Forschungsflügen gebaut wurde, indem man einen Vorserien-BO-105 umrüstete. Zu den anfänglichen Modifikationen zählte eine Verlängerung der hinteren Rumpfsektion, die den beim Original-BO-105 vorhandenen abgerundeten Rumpfteil am Übergang zum Heckrotorträger verkleidet, eine scheibenförmige Rotorkopf-Abdeckung und vier kleine Landekufen anstatt der normalen zweikufigen Auslegung. In dieser Konfiguration erreichte der BO 105HGH im September 1973 eine Geschwindigkeit von 372 km/h, was eine Erhöhung der Höchstgeschwindigkeit gegenüber dem Standardmodell um 97 km/h bedeutete. Das Flugprogramm wurde im darauf folgenden Jahr wieder aufgenommen, nachdem man gerade, starre Tragflächen am Rumpf montiert und ein kürzeres Fahrwerk angebracht hatte. Die Flügel verjüngen sich in der Profiltiefe gegen die Flügelspitzen hin und sind mit Bremsflächen über und unter den Vorderkanten ausgerüstet. So wurde die Höchstgeschwindigkeit um weitere 32 km/h angehoben.

Daten: Rotordurchmeser 9,82 m, Länge 8,55 m, Spannweite der festen Tragflächen in eingebautem Zustand 6,00 m, Höchstgeschwindigkeit 404 km/h.

MBB BO 106 Bundesrepublik Deutschland

Dieser Hubschrauber ist eine vergrößerte Version des BO 105 mit einem Platzangebot bis zu sieben Personen und wurde mit Unterstützung der bundesdeutschen Regierung gebaut. Zu den Veränderungen gegenüber dem BO 105 zählen eine breitere Kabine, die den Mehrraum für die Extrasitze bietet, leistungsstärkere Allison 250-C20B-Turbinen von je 420 shp und ein verbessertes Getriebe, das eine Ausgangsleistung von insgesamt 692 shp gestattet. Der Prototyp führte seinen Erstflug am 25. September 1973 durch. Zusätzlich zur Serienfertigung des neuen Hubschraubers plant man bei MBB auch die Lieferung von Umrüstsätzen, mit denen der BO 105 auf BO 106-Standard gebracht werden kann.

Mil Mi-1 und WSK-Swidnik SM-1 UdSSR-Polen

Der Mi-1, der im September 1948 erstmals flog, war der erste, im Serienbau in der UdSSR produzierte Hubschrauber. Die Serienhubschrauber wurden sowohl für militärische als auch für zivile Verwendung gefertigt (NATO-Codebezeichnung Hare). Militärversionen tun immer noch Dienst bei verschiedenen Streitkräften, darunter die Afghanistans, Albaniens, Algeriens, Kubas, der CSSR, der DDR, des Irak und der Mongolei. Der Mi-1 wies eine Standard-Bestuhlung für vier Personen auf, aber es gab auch Varianten, wie den dreisitzigen Mi-1T, den mit Doppelsteuerung ausgerüsteten Trainer Mi-1U, den für die Aeroflot gelieferten Mi-1 Moskwitsch und den Mehrzweckhubschrauber Mi-1NKh mit Anbringungsmöglichkeit von zwei Krankentragen, landwirtschaftliche Ausrüstung (zwei Chemikalienbehälter an den Kabinenseiten), Postbehältern und Außentanks. Im Jahre 1955 wurde die Serienfertigung des Mi-1 nach Polen zu den WSK-Swidnik-Werken verlagert, und dort wurden große Stückzahlen unter der Bezeichnung SM-1 gebaut. Das Standard-Triebwerk in allen diesen Hubschraubern war ein Kolbenmotor Iwtschenko AI-26V von 575 hp Leistung.

Daten (Mi-1NKh): Rotordurchmesser 14,30 m, Länge 12,01 m, Abfluggewicht 2250 kg, Höchstgeschwindigkeit 190 km/h, Reichweite 380 km.

Foto: Ambulanzversion SM-1.

Nagler Model 202 USA

Dieser einigermaßen ungewöhnlich aussehende zweisitzige Hubschrauber ist die projektierte Serienversion des Nagler Honcho 200, der wiederum eine Ableitung aus dem Honcho 100 ist. Den Rotorantrieb liefern Kaltgas-Düsen, die an den Rotorblattspitzen montiert sind und ihren Schub von einem 225 hp leistenden Zapfluft-Kompressor T-100 erhalten. Der Rumpf ist eine aus geschweißten Stahlrohren bestehende Konstruktion mit einer GFK-Außenschale und trägt eine große Hecksektion mit oberen und unteren Flossen und einem Seitenruder, das in der Mitte des vom Kompressor ausgestoßenen Luftstroms sitzt. Der Erstflug des Model 202 wurde im Januar 1975 ausgeführt.

Daten: Rotordurchmesser 10,97 m, Gesamtlänge 3,05 m, Abfluggewicht 635 kg, Höchstgeschwindigkeit 193 km/h, Reichweite 386 km.

Phillips Phillicopter Mk 1 Australien

Der von D.A. Phillips und P. Gerakiteys entworfene Phillicopter ist ein zweisitziger Leichthubschrauber, der von einem Kolbenmotor Rolls-Royce Continental O-200-C von 145 hp Leistung angetrieben wird. Die Grundstruktur besteht aus Stahlrohren, während die Kabine aus Aluminiumlegierung und GFK gefertigt ist. Die Bauarbeiten am Prototyp liefen im Jahre 1967 an, nachdem fünf Jahre Konstruktionsarbeiten vorangegangen waren. Der Prototyp hatte im Jahre 1971 Erstflug. Wie es heißt, wurden bereits Aufträge auf den Phillicopter erteilt; allerdings ist die Serienfertigung noch nicht angelaufen, weil die Flugerprobung noch nicht endgültig abgeschlossen ist.

Daten: Rotordurchmesser 7,77 m, Länge 6,65 m, Abfluggewicht 748 kg, Höchstgeschwindigkeit 145 km/h, Reichweite 370 km.

Robinson R22 USA

Der R22 ist das erste Produkt der jungen Robinson Helicopter Company in Torrance im US-Bundesstaat California. Es handelt sich um einen Leichthubschrauber mit einer zweisitzigen Kabine, bei dessen Konstruktion großes Augenmerk auf Wirtschaftlichkeit, geringe Lärmentwicklung und minimale Wartungsanforderungen gelegt wurde. Der von einem Lycoming O-235-C2A-Kolbenmotor von 115 hp Leistung angetriebene R22-Prototyp hatte am 28. August 1975 Erstflug – ca. zwei Jahre nach dem Anlaufen der Entwurfsarbeiten. Ende 1975 waren 35 Flugerprobungsstunden abgeschlossen und damit auch alle Flüge bis zu einer Geschwindigkeit von 161 km/h. Man hoffte bei Robinson, die FAA-Typenzulassung noch zeitgerecht bis zur geplanten Serienproduktion Mitte 1977 zu erhalten. Der Preis des Robinson R22 soll vergleichbar mit dem zwei- und viersitziger Leichtflugzeuge sein.

Daten: Rotordurchmesser 7,67 m, Länge 6,30 m, Abfluggewicht 558 kg, max. Reisegeschwindigkeit 161 km/h, Reichweite ca. 400 km.

RotorWay Scorpion und Scorpion Too USA

Der RotorWay Scorpion war bereits einige Jahre als leichter einsitziger Hubschrauber in Serienfertigung und wurde in Baukastenform an Amateurflugzeugbauer verkauft. Seit die Serienproduktion auslief, hat die Firma RotorWay Inc. den größeren zweisitzigen Scorpion Too auf den Markt gebracht. Das Unternehmen bietet potentiellen Käufern sowohl Pläne als auch Bausätze für den gesamten Hubschrauber an, aber auch eine Kombination von Plänen und Rotoren für Amateurflugzeugbauer, die ihre eigenen Materialien verwenden wollen. Für Käufer mit kleinem Geldbeutel hält RotorWay kleine Teilbausätze bereit, die den Bau des Hubschraubers in Phasen gestatten und auf diese Weise die Kosten auf einen größeren Zeitraum verteilen. Ferner stellt die Firma in der Bauzeit und während der Zeit vor dem Flug entsprechende Ausbildungsmöglichkeiten zur Verfügung. Der Scorpion Too wird von einem Vulcan V-4-Motor von 140 hp Leistung angetrieben, der auf einen halbstarren Zweiblatt-Hauptrotor wirkt. Der Rumpf besteht aus einer Stahlrohrkonstruktion mit einer Außenschale aus GFK.

Daten (Scorpion Too): Rotordurchmesser 7,32 m, Länge 6,18 m, Abfluggewicht 510 kg, Reisegeschwindigkeit über 120 km/h, Reichweite 201 km.

Foto: Scorpion Too.

Scheutzow Bee und Hawk 140 USA

Nach der Entwicklung eines Rotorkopf-Typs, der als »Flexhub« bekannt wurde (man verwendete zu seiner Erprobung einen Testhubschrauber), wurden drei Prototypen der projektierten Serienversion des Bee gebaut. Der erste davon machte im Jahre 1966 seinen Erstflug, und die Flugerprobungsmuster erwiesen sich sowohl im Schwebeflug als auch bei den Autorotationsversuchen als sehr erfolgreich. Der Hauptrotor, der mit einem Steuerkreisel-Arm ausgestattet ist, wird von einem Kolbenmotor Lycoming IVO-360-A1A von 180 hp Leistung angetrieben und ist mit dem von Scheutzow entwickelten »Flexhub« ausgestattet. Die Elastomer-Lager in Verbindung mit einem Schlaggelenk verleihen dem Bee gute Manövrierbarkeit und Steuerfolgsamkeit. Der Hubschraubertyp erhielt im Jahre 1976 die FAA-Typenzulassung, und in diesem Jahr lief auch die Serienfertigung an. Der Bee bietet zwei Personen Platz. Ferner ist auf Kundenwunsch landwirtschaftliches Gerät, eine Krankentrage und Doppelsteuerung erhältlich.

Daten: Rotordurchmesser 8,23 m, Länge 7,34 m, Abfluggewicht 764 kg, Höchstgeschwindigkeit 150 km/h, Reichweite 280 km mit Standard-Treibstoff.

Foto: Scheutzow Bee.

Der Hawk 140-Entwurf geht auf das Jahr 1974 zurück. Es handelt sich dabei um einen Leichthubschrauber geringen aerodynamischen Widerstandes, der mit ähnlichen dynamischen Bauteilen ausgerüstet ist wie der Bee. Den Antrieb liefert ein modifizierter Lycoming O-320-Motor. Falls der Entscheid zur Serienfertigung fällt, soll der Hawk 140 in Baukastenform für den Amateurbau angeboten werden.

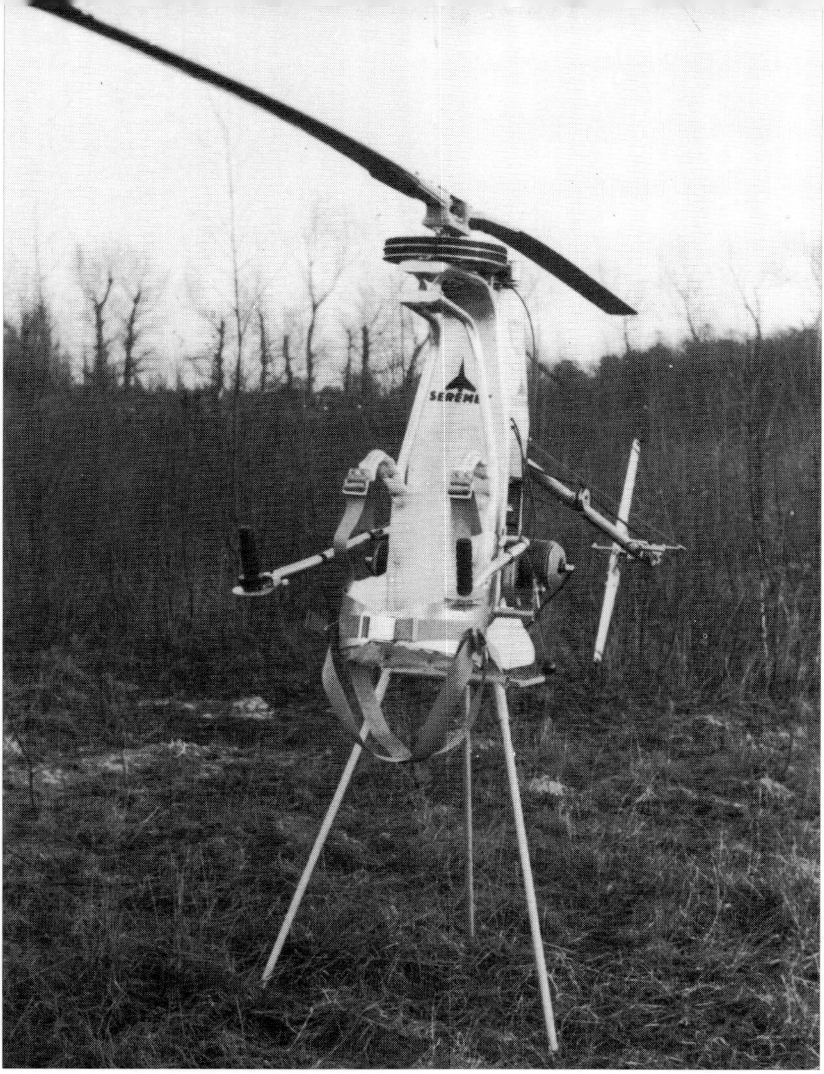

Seremet W.S.8 — Dänemark

Der W.S.8 ist der neueste Hubschrauber von W. Vincent Seremet, der bereits seit Anfang der sechziger Jahre kleine Hubschrauber gebaut und erprobt hat. Die Flugerprobung des W.S.8 begann im Jahre 1975. Obwohl von dieser Konstruktion nur wenige Details bekannt sind, kann man doch erkennen, daß sie ein Dreibein-Fahrgestell aufweist, leicht am Piloten angeschnallt werden kann und einen Zweiblatt-Hauptrotor und einen Zweiblatt-Heckrotor besitzt, der am Ende eines kleinen Heckträgers montiert ist. Der Hubschrauber wird über zwei Handgriffe gesteuert, die vorn über die Hauptstruktur hinausragen.

Sikorsky S-67 Blackhawk USA

Die Entwurfsarbeiten an dem Hochgeschwindigkeits-Hubschrauber Sikorsky Blackhawk begannen in der zweiten Hälfte 1969 auf private Initiative des US-Herstellers. Der Prototyp dieses Kampfhubschraubers führte seinen Erstflug am 20. August 1970 aus und schloß die erste Flugversuchsphase bereits im gleichen Monat ab. Am 14. Dezember und 19. Dezember 1970 stellte der Blackhawk in der Klasse E1 Geschwindigkeits-Weltrekorde über 3 km und 15/25 km-Kurse auf, wobei er bis zu 348,971 km/h erreichte. Mit einem neuen ummantelten Heckrotor erzielte der S-67 im Bahnneigungsflug im Jahre 1974 sogar 370 km/h. Der Prototyp ging allerdings im gleichen Jahr bei einer Vorführung auf der Luftfahrtschau in Farnborough durch Absturz verloren. Die Zukunft dieser Hubschrauber-Konstruktion liegt zur Zeit völlig im Dunkeln.

Sikorsky S-69 (XH-59A) USA

Im Rahmen eines Vertrages mit dem US Air Mobility Research and Development Laboratory baute die Firma Sikorsky zwei Forschungsflugzeuge mit der Bezeichnung XH-59A, um das sogenannte ABC-Rotorsystem im Flug zu erproben (ABC = Advancing Blade Concept = Konzept des nach vorn drehenden Rotorblattes). Dieses Rotorsystem besteht aus zwei gegenläufigen Koaxial-Dreiblatt-Rotoren, die den aerodynamischen Auftrieb des Blattes auf jeder nach vorn schwingenden Rotorscheibe optimal nutzen, ohne daß der leistungsmindernde Effekt des zurückschwingenden Rotorblattes wirksam würde. Der erste Prototyp hatte am 26. Juli 1973 Erstflug, war aber im August desselben Jahres in einen Unfall verwickelt. Dieser Unfall war der Anlaß dazu, verschiedene Entwurfsmodifikationen durchzuführen, und schon der zweite Prototyp, der am 21. Juli 1975 erstmals flog, wies diese Änderungen auf. Dazu zählten auch Verbesserungen des Steuerungssystems. Gegenwärtig ist der S-69 mit einer Antriebseinheit Pratt & Whitney (Canada)

PT6T-3 Turbo Twin Pac ausgerüstet, aber es wurde bereits Vorsorge für den späteren Einbau von zwei Zusatz-J60-Strahltriebwerken von Pratt & Whitney getroffen, die in seitlichen Rumpfgondeln montiert werden sollen.

Daten: Rotordurchmesser 10,97 m, Länge 12,42 m, höchste Entwurfsgeschwindigkeit als Hubschrauber 315 km/h, als Verbundhubschrauber mit J60-Triebwerken 555 km/h.

Tragschrauber-Auswahl

AISA Autogyro GN

Spanien

Obwohl die Prototyp-Flugerprobung 1977 noch nicht aufgenommen worden war, bestanden die Pläne, diesen neuen Autogiro mit »Sprung«-Startfähigkeit zu entwickeln, bereits seit dem Jahre 1970. Der Autogyro GN bietet einem Piloten und drei Passagieren Platz. Die Konstruktion weist eine voll verglaste Kabine und einen voll aerodynamisch verkleideten Rumpf auf, ferner Tragflügel geringer Spannweite, die auch die Hauptfahrwerkbeine tragen, doppelte Leitwerkträger mit zwei großflächigen Seitenleitwerksflossen und -rudern, ein Höhenleitwerk und einen Zweiblatt-Gelenkrotor. Für den Antrieb sorgt ein Kolbenmotor Lycoming IO-540-K1A5 von 300 hp Leistung.

Daten: Rotordurchmesser 12,80 m, Länge 6,50 m, Abfluggewicht 1200 kg, Höchstgeschwindigkeit 240 km/h, Reichweite 800 km.

Foto: Modell des Autogyro GN.

AMR XR200/XR 207 USA

Der AMR XR 200 ist ein Tragschrauber-Prototyp mit einem Platzangebot für normalerweise zwei Personen und einem Leichtflugzeugmotor von 75 hp Leistung als Antrieb. Dieses Triebwerk wirkt auf einen im Heck montierten Benson-Mantelrotor. Der Vertikalstart kann durch das Schalten des Motors auf den starren Zweiblattrotor geschehen, während für den Vorwärtsflug der Motor wieder ausgekuppelt wird. Wegen der Verwendung der ummantelten Luftschraube sind keine Drehmoment-Ausgleichs- oder Stabilisierungs-Maßnahmen notwendig.

Daten: Höchstgeschwindigkeit 257 km/h.

Foto oben: XR 207.

Foto links: XR 200.

Das projektierte Serienmuster führt die Bezeichnung XR 207. Dieses aus dem XR 200 abgeleitete Baumuster wird fünf Personen in einer aerodynamisch durchgebildeten, voll verkleideten Kabine aufnehmen. Der Rumpf des XR 207 verjüngt sich hinter dem Rotormast und bildet den Heckträger, an dem eine Einzelflosse mit Ruder montiert sind. An beiden Rumpfseiten werden zwei gekurvte Deltaflügel angebracht, die den starren Dreiblatt-Hauptrotor entlasten sollen. Ebenfalls zu beiden Seiten des Rumpfes liegen die beiden Benson-Mantelschrauben, die von zwei Continental-Motoren angetrieben werden.

Daten: max. rechnerische Geschwindigkeit ca. 370 km/h.

Barnett J-3M und J-4B USA

Diese beiden Baumuster sind ultraleichte einsitzige Tragschrauber ähnlicher Grundauslegung, die in Form von Plänen, Materialien und Baukästen für Amateurflugzeugbauer erhältlich sind. Jedes Modell besitzt einen Zweiblatt-Holzrotor mit Stahlholm und GFK-Beschichtung. Der J-3M ist das Mehrzweckmuster, hat einen Continental A65-Motor von 65 hp Leistung als Antrieb und ist mit einer stoffbespannten Kabine mit flachen Seitenwänden ausgerüstet. Der J-4B, der mit einem Continental C85-Motor von 85 hp lei-

Foto oben: J-3M

Foto links: J-4B

stungsstärker motorisiert ist, stellt an den Amateurbauer größere Ansprüche: Er verfügt über eine stromlinienförmig verkleidete GFK-Kabine und ist auf Wunsch auch mit einem Cockpit-Windschutz lieferbar.

Daten: Rotordurchmesser 7,01 m, Gesamtlänge 3,45 m (J-3M) bzw. 3,71 m (J-4B), Abfluggewicht 294 kg (J-3M) bzw. 340 kg (J-4B), Höchstgeschwindigkeit 137 km/h (J-3M) bzw. 185 km/h (J-4B), Reichweite 193 km (J-3M) bzw. 402 km (J-4B).

Bensen Model B-8 Gyro-Glider USA

Viele Hunderte dieser einfachen, antriebslosen Rotor-Gleiter wurden entweder vom Herstellerwerk Bensen Aircraft Corporation oder – aus Bausätzen bzw. nach Plänen – von Amateurflugzeugbauern gefertigt.
Der B-8, für den man in den USA keinen Pilotenschein benötigt, kann von einem kleinen Automobil gezogen werden, hat aber auch schon freie Gleitflüge durchgeführt. Von diesem Baumuster existieren auch ein- oder zweisitzige Pilotentrainer, wobei die zweisitzigen Ausführungen mit einem Fahrwerk großer Spurbreite und geschleppten Rädern ausgerüstet sind. Ferner experimentiert die US Air Force zur Zeit mit ein- und zweisitzigen Varianten des Gyro-Glider, die die Bezeichnung X-25 führen. Ziel dieser Untersuchungen ist es, die Durchführbarkeit eines Schleudersitzsystems zu erproben, bei dem sowohl ein Satz faltbarer Rotorblätter als auch der normale Fallschirm verwendet werden. Dieses als Discretionary Descent Vehicle (DDV) bekannte Rettungssystem würde es dem Piloten gestatten, sich einen Landeplatz innerhalb der Reichweite seines Rotor-Gleitgeräts auszusuchen. Die mit Schwimmern ausgerüstete Version des B-8 führt die Bezeichnung Hydro-Glider.

Daten: Rotordurchmesser 6,10 m, Länge 3,45 m.

Bensen Model B-8M, B-8V USA
Super Bug Gyro-Copter und B-8MW Hydro-Copter

Der Gyro-Copter, der für den Amateurflugzeugbau aus Bausätzen oder nach Plänen ausgelegt ist, ist eine angetriebene Tragschrauber-Version des Gyro-Glider (siehe dort). Die erste Serienausführung Model B-8M hatte am 9. Oktober 1957 Erstflug – drei Monate nach dem Jungfernflug des Prototyps. Sie verfügt über ein leistungsstärkeres Triebwerk als das Vorgängermuster B-7M Gyro-Copter: einen 72 hp leistenden McCulloch 4318E-Motor (auf Kundenwunsch kann ein 90 hp-McCulloch 4318G geliefert werden). Ferner ist ein mechanischer Rotortrieb erhältlich, der – während der Tragschrauber noch am Boden steht – den Rotor auf Drehzahl für den Flug bringt. Es kann aber auch ein Zweitaktmotor Ohlsson & Rice Compact III zur Vor-Rotation verwendet werden, der bei Startdrehzahl abkuppelt. Zu den verschiedenen, nicht standardmäßig angebotenen Zubehörteilen zählen ein Rotor größeren Durchmessers und ein am Boden des Tragschraubers montierter Steuerknüppel statt des standardmäßig eingebauten Überkopf-

Steuergriffes. Außerdem kann der B-8M durch einfaches Blockieren des Rotors in Längsrichtung auch auf dem Auto-Anhänger transportiert werden.
Der B-8V entspricht im wesentlichen dem B-8M, besitzt aber einen 64 hp-Volkswagenmotor als Antrieb. Die Detailpläne zur Umrüstung des B-8M auf B-8V-Standard oder zur Montage des VW-Motors an eine B-8-Basiszelle sind lieferbar.
Im Jahre 1971 wurde eine moderne Version des B-8M, die als Super Bug bekannt ist, eingeführt. Eine Spezial-Zweimotoren-Installation bringt den Rotor vor dem Start auf Touren. Die Firma bezeichnet diese Lösung als den Zwischenschritt zur vollen Senkrechtstart- und -landefähigkeit. Verfügbar ist auch weiteres Zubehör, wie eine Rotorbremse.
Eine weitere Ausführung des Gyro-Copter ist der mit zwei Schwimmern ausgerüstete Hydro-Copter.

Daten (B-8M): Rotordurchmesser 6,10 m oder 6,70 m, Länge 3,45 m, Abfluggewicht 227 kg, Höchstgeschwindigkeit 137 km/h, Reichweite 160 km.

Foto: Hydro-Copter

Bensen Model B-8MA Agricopter USA

Der B-8MA, der speziell für landwirtschaftliche Sprühzwecke ausgerüstet ist, ist eine weitere Version des B-8M (siehe dort), die im September 1969 erstmals flog. Der sogenannte Agricopter verfügt über einen 19 Liter fassenden Chemikalienbehälter unter dem Motor und kann damit während eines 40 Minuten dauernden Fluges eine Fläche von 0,65 bis maximal 1,60 km² mit Chemikalien behandeln. Als weitere Agricopter-Anwendungsgebiete sind Flugvermessung, Wald- und Pipeline-Kontrollflüge geplant. Allerdings ist der B-8MA bisher nur in der Experimental-Kategorie FAA-zugelassen.

Daten: Rotordurchmesser 6,60 m, Länge 4,04 m, Abfluggewicht 272 kg, Höchstgeschwindigkeit 137 km/h, Reichweite 160 km.

Bensen Model B-16S Gyro-Copter USA

Der B-16S, der von Bensen als das erste fliegende Schneemobil der Welt bezeichnet wird, stellt eine Weiterentwicklung des Grundmodells B-8M dar, das mit zwei Schneemobil-Motoren Kiekhaefer KAM 525 von je 48 hp Leistung ausgerüstet ist. Zu den speziellen Merkmalen des B-16S gehören ein Ski-Fahrwerk, ein Rotor großen Durchmessers, eine Schnee-Ablenkplatte im Heck sowie Treibstoffsystem-Bauteile, Schwenkkopf und Rotormast aus Kunststoff. Der B-16S ist rasch auf ein Rad- oder Schwimmer-Fahrwerk umrüstbar.

Daten: Rotordurchmesser 6,92 m, Gesamtlänge 3,54 m, Abfluggewicht 317 kg, Höchstgeschwindigkeit 129 km/h, Reichweite 96 km.

Bensen Model 75 Gyro-Copter USA

Der Bensen Model 75, der aus dem Super Bug (siehe dort) weiterentwickelt wurde, bietet eine fundamentale Neuheit in seinem Rotorsystem: Der Rotor wird kontinuierlich vom Hilfstriebwerk angetrieben, statt nur für das Aufdrehen des Rotors Verwendung zu finden. Die Firma Bensen weist darauf hin, daß folgende Vorteile erreicht wurden: Rasche Starts mit Volleistung vom Motorstillstand an, Startstrecke von weniger als 60 m, verstärkter Auftrieb, keine Rotor-Verlangsamung während Null-g-Manövern, ein flacherer Gleitwinkel, wenn das Haupttriebwerk gedrosselt wird. Die Steuerung des Model 75 geschieht über einen am Kabinenboden befestigten Steuerknüppel und nicht mehr über den normalerweise üblichen Überkopf-Handgriff.

CSIR SARA II

Südafrika

Die Entwurfsarbeiten an diesem zweisitzigen, mit doppeltem Heckträger ausgerüsteten Experimental-Tragschrauber begannen im März 1965. Der Prototyp führte seinen ersten Freiflug am 30. November 1972 auf dem Luftwaffen-Stützpunkt Swartkop aus, nachdem bereits eine Reihe gefesselter Erprobungsflüge vorausgegangen war. Zu den Entwurfsmerkmalen des CSIR SARA II (SARA = South African Research Autogyro = Südafrikanischer Forschungs-Tragschrauber) gehören eine aufwendig verglaste Kabine, in der zwei Besatzungsmitglieder nebeneinander Platz finden, Doppelsteuerung sowie eine Heck-Baugruppe bestehend aus doppelten Seitenleitwerksflossen und -rudern, die mit einer festen Höhenflosse miteinander verbunden sind. Den Antrieb liefert ein Lycoming-O-360-A-Motor von 180 hp Leistung. Zur Zeit steht ein modifizierter zweiter Prototyp im Bau, nachdem der erste in einen Unfall verwickelt war.

Daten: Rotordurchmesser 11,13 m, Länge 4,65 m, Abfluggewicht 840 kg (nur beim Experimental-Tragschrauber), Höchstgeschwindigkeit 154 km/h.

Campbell Cricket Großbritannien

Dieser einsitzige leichte Tragschrauber wird von einem modifizierten 72 hp-Volkswagen-Motor angetrieben. Der Cricket ist ein konventioneller Entwurf mit einem kleinen gondelartigen Rumpf und einem offenen Cockpit, einem Dreibein-Fahrwerk und einem Seitenleitwerk mit Ruder. Seit der Prototyp im Juli 1969 seinen Erstflug durchführte, wurden ca. 47 Maschinen gebaut. Zu der auf Kundenwunsch lieferbaren Ausrüstung zählen eine Spezialkamera-Aufhängevorrichtung für Luftaufnahmen und Gerät für den landwirtschaftlichen Einsatz. In letzterer Version, die am 21. Januar 1971 Erstflug hatte, kommen Insektizide sehr geringen Volumens zum Einsatz.

Daten: Rotordurchmesser 6,63 m, Länge 3,43 m, Abfluggewicht 272 kg, Höchstgeschwindigkeit 129 km/h, Reichweite 225 km.

Ekström Humlan 2 Schweden

Der Humlan 2 ist ein einsitziger Tragschrauber, der im Juni 1975 erstmals flog, genau zwei Jahre nach Entwurfsbeginn. Er besitzt einen halbstarren Zweiblattrotor, eine kleine Rumpfgondel mit offenem Cockpit, eine konventionelle Seitenflosse mit Ruder und einem festen Höhenleitwerk in V-Stellung. Den Antrieb liefert ein McCulloch AF 100-X3-Motor von 90 hp Leistung, der auf den üblichen Schubpropeller wirkt.

Daten: Rotordurchmesser 6,80 m, Gesamtlänge 3,42 m, Abfluggewicht 295 kg, Höchstgeschwindigkeit 180 km/h, Reichweite 260 km.

Farrington (Umbaugh) Model 18-A und 20-A USA

Der Tragschrauber Model 18-A, der ursprünglich von der Umbaugh Aircraft Corporation in den Jahren 1957 bis 1962 entwickelt wurde, ist ein zweisitziger leichter Autogiro mit einem Lycoming-Motor O-360-A1D von 180 hp Leistung als Antrieb. Er besitzt einen Zweiblatt-Gelenkrotor sowie eine Heckeinheit aus einer frei beweglichen Zentralflosse und zwei festen Flossen außen am Höhenleitwerk. Die von der Firma Farrington Aircraft gefertigte Version 18-A weist einige Verbesserungen auf, darunter eine verstärkte Bugradstrebe, ein Trimmsystem für die variable und kollektive Blattverstellung, wirkungsvollere Isolierung und eine Nachtflugausrüstung. Die bereits existierenden 18-A-Modelle können ebenfalls auf diesen Standard gebracht werden. Eine noch weiter verbesserte Ausführung ist der 20-A mit einem Rotor größeren Durchmesers, einem 200 hp-Lycoming-Motor und anderen Änderungen, mit denen die Höchstgeschwindigkeit auf 185 km/h gebracht wird. Im Jahre 1971 wurden mit dem Model 18-A zwei internationale Geschwindigkeitsrekorde aufgestellt (in der FAI-Klasse E3 für Autogiros): 174,932 km/h über eine 15/25 km-Strecke und 164,365 km/h über einen geschlossenen 100 km-Kurs.

Daten (18-A): Rotordurchmesser 10,67 m, Länge 6,06 m, Abfluggewicht 816 kg, Höchstgeschwindigkeit 177 km/h, Reichweite 322 km.

Tervamäki-Eerola ATE-3 und JT-5 (MT5) Finnland

Der Erstflug des Prototyps des ATE-3 fand am 11. Mai 1968 nach zwei Jahren Entwurfs- und Bauarbeiten statt. Dieser einsitzige leichte Tragschrauber besitzt einen halbstarren Zweiblatt-Rotor und wird von einem 75 hp leistenden Volkswagen-Motor angetrieben, der für die Tragschrauber-Einsatzrolle entsprechend modifiziert wurde. Im November 1969 wurde das Heck des ATE-3 geändert, indem man die Höhenleitwerkflächen entfernte und eine neu konstruierte Höhenflosse mit Höhenruder installierte. Die bedeutenden Modifikationen des ATE-3-Grundentwurfs, darunter die weitgehende Verwendung von Kunststoff in Struktur und Komponenten, resultierte in einer Weiterentwicklung mit der Bezeichnung JT-5, die am 7. Januar 1973 erstmals flog. Diese Ausführung wies noch weitere Verbesserungen auf, darunter einen aerodynamisch durchgestalteten Rumpf niedrigen Widerstands, eine geschlossene Plexiglas-Haube und ein dreiteiliges Leitwerk mit Zentral-Seitenflosse und zwei kleineren Außenflossen zur Erhöhung der statischen und dynamischen Stabilität. Der Prototyp und alle Produktionsrechte, Werkzeuge und Formen sind heute im Besitz des Italieners Vittorio Magni, der den Verkauf dieses Tragschraubers als MT5 plant.
Einige ATE-3 und JT-5 werden zur Zeit von Amateurflugzeugbauern in Finnland gefertigt. Ferner sind Bausätze für GFK-Rotorblätter und Propeller, wie sie für die genannten Tragschrauber ver-

wendet werden, auch für den Einbau in andere Autogiro-Konstruktionen verfügbar.

Daten: Rotordurchmesser 7,00 m, Länge 3,20 m (ATE-3) bzw. 3,50 m (JT-5), Abfluggewicht 260 kg (ATE-3) bzw. 290 kg (JT-5), Höchstgeschwindigkeit 140 km/h (ATE-3) bzw. 170 km/h (JT-5), Reichweite 300 km (ATE-3) bzw. 350 km (JT-5).

Foto: JT-5

Wallis WA 116 und WA-116-T Großbritannien

Bereits der Prototyp WA-116, der am 2. August 1961 mit einem McCulloch 4318-Motor von 72 hp erstmals flog, repräsentierte die von Wing Commander K. Wallis kreierte Tragschrauber-Auslegung, die viele Verfeinerungen gegenüber früheren Konstruktionen aufwies, so z.B. einen Rotorkopf mit versetztem Schwenksystem, der (auch mit Händen und Füßen weg von der Steuerung) volle Stabilität liefert und bei dem keine Pitch-up-Probleme auftreten. Ferner verfügte er über eine flexible Rotor-Aufdrehwelle mit automatischer Abkuppel-Einrichtung während des Fluges, ein automatisches System zur Kontrolle des Rotorantriebs beim Start, das auch Vollgas bis zum letzten Moment gestattet, und schließlich über eine neuartige sichere Starteranlage. Neun weitere WA-116 wurden gebaut, davon vier von der Firma Beagle. Die letzte dieser Maschinen wurde zu einem Zweisitzer umgebaut und führte die Bezeichnung WA-116-T. Der Erstflug erfolgte am 3. April 1969. Ein weiterer WA-116 wurde 1971 mit einem 60 hp leistenden Franklin 2A-120-AMotor ausgestattet – seine Bezeichnung wurde in WA-116/F geändert, während die mit McCulloch-Motoren ausgerüsteten Modelle WA-116Mc genannt wurden. An diesem Tragschraubermuster werden kontinuierlich Modifikationen durchgeführt, darunter die Installation eines Vierblatt-Propellers auf den standardmäßigen WA-116/F-Umbauten. Eine davon wurde auch für die Ausführung von Langstreckenflügen umkonstruiert. Diese

Ausführung hatte im April 1974 Erstflug und stellte vier Monate später einen Strecken-Weltrekord im geschlossenen Kreis in den Klassen E3 und E3a für Autogiros auf: 670 km. Auf demselben Flug wurde ein Geschwindigkeitsrekord im geschlossenen 100 km-Kurs (130,67 km/h) und ein 500 km-Streckenrekord von 126,14 km/h erzielt. Am 29. September 1975 führte Wing Commander Wallis einen über 874 km führenden Nonstop-Flug von Lydd in Kent nach Wick, Caithness durch und stellte damit einen neuen Streckenrekord für Tragschrauber auf. Der WA-116-T/Mc wurde auch in einem von der Firma Plessey Radar durchgeführten Experimental-Programm verwendet, mit dem im Auftrag des Home Office – mit Hilfe von Multispektral-Fotografie – unerlaubt angelegte Gräber entdeckt werden sollten.

Daten (WA-116/Mc): Rotordurchmesser 6,20 m, Länge 3,38 m, Abfluggewicht 250 kg, Höchstgeschwindigkeit 185 km/h, Reichweite 225 km.

Wallis WA-117/R-R Großbritannien

Das Experimental-Erprobungsmuster des WA-117, das im wesentlichen dem WA-116 (siehe dort) entsprach, aber mit einem Rolls-Royce Continental O-200-B-Motor von 100 hp Leistung ausgerüstet war, machte am 24. März 1965 seinen Erstflug. Dieses Baumuster wurde aber später wieder demontiert, und der endgültige WA-117-Prototyp flog dann am 28. Mai 1967 zum ersten Mal. Dieser Tragschrauber verfügt über Spezial-Geräuschdämpfer und einen »leisen« Vierblatt-Propeller und wurde für die verschiedensten Zwecke eingesetzt, darunter auch für die Loch Ness-Suchflüge im Jahre 1970. Er wurde ferner mit vielfältigem Zubehör ausgestattet, zum Beispiel mit dem Infrarot-Sensor-Gerät HSD Linescan, Multispektral-, Film- und normalen Kameras. Die Entwicklungsarbeiten an diesem Autogiro werden weitergeführt, vor allem um die Hochgeschwindigkeits-Flugeigenschaften des WA-117 zu verbessern.

Daten: Abfluggewicht 317 kg, Höchstgeschwindigkeit 193 km/h.

Foto: Wallis WA-117/R-R.

Wallis WA-118/M Meteorite Großbritannien

Dieser Tragschrauber, der für ein langfristiges Erprobungsprogramm vorgesehen war, hatte am 6. Mai 1966 Erstflug – 13 Monate nach Beginn der Entwurfsarbeiten. Später wurde er auf ein neues Cockpit mit Liegeposition für den Piloten und eine neue Verglasung umgerüstet und verschiedenen anderen Modifikationen unterzogen. In dieser neuen Form führte der WA-118 am 9. August 1969 den Jungfernflug durch. Der Meteorite wird als fliegender Erprobungsträger für den italienischen Ladermotor Meteor Alpha I von 120 hp Leistung verwendet, und dieses Triebwerk soll in dem kleinen, für Höhenflüge geplanten WA-121/M (siehe dort) zum Einbau gelangen. Der WA-118/M selbst erreicht nach Werkangaben Geschwindigkeiten bis 322 km/h.

Wallis WA-120/R-R

Großbritannien

Dieses Mitglied der Wallis-Tragschrauberfamilie wurde ursprünglich als WA-117-S entworfen. Die Bezeichnung WA-120/R-R wurde gewählt, als sich dieses Baumuster durch die Verwendung eines unterschiedlichen Triebwerks zu wesentlich mehr als einem WA-117 weiterentwickelte. In seiner gegenwärtigen Ausführung wird der WA-120/R-R von einem 130 hp leistenden Rolls-Royce Continental O-240-A angetrieben, besitzt eine nach vorn zu öffnende Schiebehaube und lediglich Höhenleitwerksflächen – die ursprünglich vorgesehenen Höhenleitwerksflächen hatten sich als nicht mehr notwendig herausgestellt. Der Erstflug erfolgte am 13. Juni 1971.

Wallis WA-121 Großbritannien

Der WA-121-Prototyp, der leichteste und kompakteste aller Wallis-Tragschrauber, hatte am 28. Dezember 1972 Erstflug. Zu seinen Entwurfsmerkmalen gehören ein offenes Cockpit, ein hoch an der Seitenflosse angebrachtes Höhenleitwerk und die Spezial-Rotorkopf-Aufhängung wie beim WA-117. Verbesserungen am Steuerungssystem liefern bessere Stabilität bei höheren Geschwindigkeiten und größeren Komfort für den Piloten. Die Hochgeschwindigkeits-Ausführung WA-121/Mc, die von einem Wallis-McCulloch-Motor von 100 hp angetrieben wird, hat bereits inoffiziell die vom WA-116 (siehe dort) gehaltenen Geschwindigkeits- und Höhenrekorde gebrochen. Geplante künftige Versionen sind der WA-121/F mit 60 hp-Franklin 2A-120-B-Motor und die Höhenausführung WA-121/M Meteorite 2 mit einem aufgeladenen Meteor Alpha 1-Triebwerk.

WHE Airbuggy Großbritannien

Der WHE Airbuggy, der aus dem Mc Candless Mk IV Gyroplane weiterentwickelt wurde, ist ein einsitziger leichter Tragschrauber mit einem modifizierten Volkswagenmotor von 75 hp Leistung als Antrieb. Er ist mit einem halbstarren Zweiblatt-Rotor ausgerüstet. Der Prototyp hatte am 1. Februar 1973 Erstflug. Der Airbuggy ist sowohl fertig gebaut oder als Bausatz für den Amateurbau lieferbar.

Daten: Rotordurchmesser 6,63 m, Gesamtlänge 3,51 m, Abfluggewicht 295 kg, Höchstgeschwindigkeit 128 km/h, Reichweite mit maximalem Treibstoffvorrat 225 km.

REGISTER

FOTONACHWEIS

Australian Department of Defence, 43, 53
Peter J. Bish, 204
S. J. Cherz, 182
Alain Crosnier, 22
E. C. P. Armées, Paris, 10
Martin Fricke, 22, 28, 64, 92, 137
John Goring, 111
Howard Levy, 49
Peter R. March, 15, 145, 147
T. Matsuzaki, 51
Ministry of Defence, London, 105, 160

Stephen P. Peltz, 81, 180
Alex Reinhard, 66
Brian M. Service, 25, 26, 71, 95
South African Air Force, 14

Tass, 80, 88, 97, 101
Norman E. Taylor, 120
USAF, 176
US Navy, 53, 77
John Wegg, 81
Gordon S. Williams, 90
Stephen P. Peltz, 81, 180
Alex Reinhard, 66
Brian M. Service, 25, 26, 71, 95
South African Air Force, 14
Tass, 80, 88, 97, 101
Norman E. Taylor, 120
USAF, 176
US Navy, 53, 77
John Wegg, 81
Gordon S. Williams, 90